Rudi Bind / Ueli Hurter

Biodynamisch!

Geburtsstunde der biodynamischen Landwirtschaft
am Ausgangspunkt der Ökobewegung

AF197092

Rudi Bind / Ueli Hurter

Biodynamisch!

Geburtsstunde der biodynamischen Landwirtschaft
am Ausgangspunkt der Ökobewegung

Verlag am Goetheanum

Um die Lesbarkeit zu erleichtern, verwenden wir geschlechtsneutrale Begriffe, Beidbenennungen oder die jeweilige weibliche bzw. männliche Form. Die gewählten Bezeichnungen gelten jedoch immer für alle Geschlechter.

Printed matter
3041 0984

Der CO$_2$-Ausstoß dieses Druckproduktes wurde mit ClimateCalc berechnet und kompensiert:

Aura Solar Power

www.climatecalc.eu
Cert. no. CC-000168/LV

Impressum

www.goetheanum-verlag.ch
© Copyright 2023 by Sektion für Landwirtschaft
am Goetheanum, CH – 4143 Dornach
Alle Rechte vorbehalten
Korrektorat: Anna Storchenegger
Layout und Satz: Johannes Onneken
Druck und Bindung: Jelgavas Tipogrāfija, Jelgava, Lettland
ISBN 978-3-7235-1726-0

Inhalt

Rudolf Steiners «Landwirtschaftlicher Kurs» in Koberwitz 1924:
Geburtsstunde der biologisch-dynamischen Landwirtschaft. Besonderheiten und Ausbreitung dieses Impulses und Positionierung innerhalb der drängend anstehenden Zeitforderungen wie Nachhaltigkeit, Klimawandel, Biodiversität, Ernährung der Weltbevölkerung und Besiedlung des ländlichen Raumes.

2
Wirkungsgeschichte des Landwirtschaftlichen Kurses 42

4
Vorbereitung und Durchführung
der Veranstaltungen 1924

Einführung

Die Klimakrise, der Verlust an Biodiversität, die Bodenerosion und die Verschmutzung unserer Wasserquellen stellen weltweit die landwirtschaftliche Praxis vor neue, große Herausforderungen. Die Frage, wie wir in Zukunft gesund leben können, wird akuter. Dazu gehört eine gesunde Ernährung mit gesunden Lebensmitteln aus gesunden Böden.

Biodynamische Bauern und Gärtnerinnen, Verarbeiter und Händlerinnen, Forscher und Züchterinnen sind seit 100 Jahren Pioniere der Nachhaltigkeit.

Sie leben und wirken weltweit mit Konzepten wie dem «landwirtschaftlichen Organismus», bodengebundener Tierhaltung, mit innovativen Praktiken in der Pflanzenzüchtung, der Vernetzung in der Wertschöpfungskette, neuen Formen des Bodeneigentums, lebendigen Ernährungswerkstätten, mit der Düngung mit Präparaten und dem Blick in die Sterne, der gemeinschaftlich geführten Marke *Demeter* und unkonventionellen Forschungsmethoden.

Woher kommt diese Innovationskraft für so viele Menschen und so diverse Gebiete? Die Quelle ist der *Landwirtschaftliche Kurs* von Rudolf Steiner. Er wurde 1924 in acht Vorträgen vor 130 Zuhörende auf dem Gut Koberwitz im damaligen Schlesien gehalten. Dieser Kurs kann als die Geburtsstunde einer neuen Landwirtschaft betrachtet werden. Die heutige biodynamische Bewegung ist aus ihm hervorgegangen. Für viele der Teilnehmenden war der Kurs ein lebensprägendes Ereignis und sie haben sich der neuen «Landbaukunst» verschrieben. Dabei war das Verständnis am Anfang gar nicht so groß; was die Menschen damals getragen hat, war eher ein starker und verbindender Enthusiasmus. Diese Kraft konnte an die nachfolgenden Generationen weitergegeben werden. Das Verständnis hat sich vertieft, die Erfahrung wurde vielfältig und aus Krisen ist ein neuer Ansatz und eine neue Zusammenarbeit entstanden. So ist aus dem Engagement vieler Menschen für die Biodynamik eine hundertjährige Geschichte mit weltweiter Verbreitung geworden.

In diesem Buch wollen wir episodisch erzählen, wie es zum *Landwirtschaftlichen Kurs* kam und worum es geht. Wir verfolgen die Wirkungsgeschichte des Kurses, nicht nur in der biodynamischen Bewegung, sondern auch in der aufkommenden Ökologisierung der ganzen Gesellschaft. An Beispielen wird die aktuelle Situation sichtbar.

Wir hoffen, dass neu auf Biodynamik umstellende Bäuerinnen und Gärtnerinnen, Studenten und Unterrichtende, Mitarbeitende in vielen Unternehmen, Journalisten und Kommunikationsbeauftragte in dem Buch einfache, sachlich verständliche und hilfreiche Informationen finden.

Wir danken unseren aufmerksamen Mitlesenden für ihre Anregungen, Ergänzungen und Korrekturen! Ein besonderer Dank geht an die Software AG Stiftung für ihre großzügige finanzielle Unterstützung dieses Buches.

Ueli Hurter
Sektion für Landwirtschaft am Goetheanum

1

Nach 100 Jahren

Biodynamischer Landbau weltweit
Biodynamische Landwirtschaft als Kulturimpuls

Die biodynamische Landwirtschaft wird inzwischen weltweit praktiziert. Nach ihren Anfängen in Europa wurde sie von auswandernden Europäern in den USA, Südafrika und Australien verbreitet. Inzwischen ist sie in Nordafrika, Indien, China und Lateinamerika angekommen. In vielen Ländern Südostasiens und Afrikas ist sie gerade dabei, Fuß zu fassen. Was viele Menschen rund um den Globus durch die Biodynamik erleben, ist mehr als pure Landwirtschaft. «Biodynamisch» wirkt als ein Kulturimpuls auf landwirtschaftlichem Feld.

Demeter

Demeter steht für biodynamischen Anbau und eine schonende und entwickelnde Verarbeitung. Es geht nicht nur darum, was man tut, sondern auch wie man es tut.

Seit 1928 gibt es in Deutschland das Warenzeichen *Demeter*, um die biodynamischen Lebensmittel-Produkte auf dem Markt auszuzeichnen, seit 1932 auch als eingetragene Schutzmarke. In der Schweiz existiert seit 1937 ein biologisch-dynamischer Verein, der solange auch das Demeter-Zeichen verwaltete, bis 1997 der Demeter-Verband als Labelorganisation gegründet wurde. Ähnliche Entwicklungen gab es in vielen europäischen Ländern. 1997 wurde Demeter-International gegründet, ein Zusammenschluss der Label vergebenden Verbände aus allen Ländern. Es geht darum, in föderativer Art die Markenpolitik zu bestimmen und zu koordinieren. Diese Art einer gemeinsamen Entwicklung und Verwaltung einer marktrelevanten Marke ist einzigartig und ein deutlicher Ausdruck dafür, dass die Marke nicht als Businesstool verstanden wird, sondern als redlicher Ausdruck der biodynamischen Qualität, als Brückenschlag zwischen Produzentinnen, Verarbeitern und Händlerinnen und Konsumenten.

Die Demeterzertifizierung basiert auf der Einhaltung der Richtlinien für den Anbau und die Verarbeitung. Diese gemeinsamen Regeln werden demokratisch bestimmt, auf nationaler und auf internationaler Ebene. Hinter Anträgen auf Richtlinienänderungen stehen neue Forschungserkenntnisse, veränderte Anforderungen der Praxis, manchmal auch Marktinteressen. Die Delegierten aus allen Ländern stimmen ab, was gelten soll.

Die jährliche Betriebskontrolle, die darauf basierende Zertifizierung und die geregelte Anwendung des Labels auf den Produkten sind aufwendig und haben ihren Preis. Für die hochdifferenzierten Märkte, insbesondere in Europa und Nord-Amerika, ist das Demeter-Label das Tor zum Markt. Der Demeter-Umsatz wächst stetig.

Ende 2021 waren 7'000 Höfe weltweit zertifiziert, sie bewirtschaften eine totale Fläche von 226'000 Hektaren. Dazu kommen 1'100 Verarbeitungsbetriebe und 560 Händler mit einem Demeter-Vertrag. Zertifizierte Demeter-Betriebe gibt es in 60 Ländern. In dem Spezialbereich Weinbau, der sich in den letzten Jahren stark entwickelt hat, sind es 1'300 Betriebe in 22 Ländern mit zusammen 22'000 ha.

Lange nicht alle biodynamischen Betriebe sind Demeter-zertifiziert. Insbesondere bei lokaler Vermarktung der Produkte in Ländern, wo Demeter nicht bekannt ist, lohnt sich die Zertifizierung nicht. In einigen Ländern ist jetzt die Anerkennung des *Partizipativen Garantiesystems* (PGS) im Aufbau. Zahlreiche Projekte mit insgesamt vielen Tausend Kleinbauern, zum Beispiel im Anbau von Baumwolle, vermarkten ihre Produkte unter einem Biolabel, der Anbau ist aber durchaus biodynamisch. Es gibt schätzungsweise 100'000 Betriebe weltweit, auf denen ein wichtiger Teil der biodynamischen Prinzipien bekannt ist und zur Anwendung kommt.

Die biodynamische Landwirtschaft in den Herausforderungen der Weltlage

Der biodynamische Weg hat das Potential, Beiträge an die epochalen Herausforderungen in der Land- und Ernährungswirtschaft zu geben. Neben einer angemessenen Regionalisierung der Land- und Ernährungswirtschaft ist auch eine Ökologisierung vonnöten. Klimawandel, Bodenerosion und Schwund der Biodiversität sind heute schon die Ursachen von Hungersnöten und werden es in Zukunft immer mehr sein. Sowohl der biodynamische als auch der biologische Anbau zeichnen sich dadurch aus, dass sie bei 20% weniger Ertrag gleichzeitig in vielen Bereichen eine positive Klima- und Ökobilanz haben. Bio kann die Welt ernähren, allerdings nicht alleine, gleichzeitig muss ein moderater Fleischkonsum erreicht und Food-Waste reduziert werden. Weltweit wird schätzungsweise bis zur Hälfte des Weizens in der Tiermast verfüttert. Dazu kommt noch «Heizen mit Weizen» in vielen Biogasanlagen.

Schon der Weltagrarbericht von 2008 formulierte eine Kernstrategie für eine zukunftsfähige Landwirtschaft: eine regionale, ökologische, multifunktionale und auf Erfahrungswissen basierte Landwirtschaft.

Auch die Chemie-Landwirtschaft reklamiert die Zukunft für sich. Der Chef des Pharma- und Agro-Multis Bayer, der sich Monsanto als Hersteller des Totalherbizides Round-up einverleibt hat, sieht als Lösungsstrategie für die aktuelle Getreide-Versorgungskrise durch den Ukrainekrieg und den drohenden Hunger für Millionen Menschen eine forcierte Technisierung der Landwirtschaft. Dies etwa mit Gentech-Weizen, der Stickstoff binden kann wie die Leguminosen, oder durch Smart-Farming, was die Einführung der künstlichen Intelligenz in die Landwirtschaftstechnik bedeutet, oder durch ein Trainingsprogramm für 100 Millionen Kleinbauern. Diese Aussichten einer sogenannten «regenerativen Landwirtschaft» klingen nach einer Neuauflage der «grünen Revolution», deren Versprechungen seit den 1960er-Jahren nie eingelöst wurden. Der CEO von Syngenta beschuldigte 2022 den Bio-Landbau, dieser sei verantwortlich für den Hunger in Afrika, weil es nur 50% des Ertrages der Chemie-Landwirtschaft pro Hektare bringe. In der Realität sind es nach dem DOK-Langzeitversuch des FiBL im Schnitt aller Kulturen 81% Ertrag bei einem viel geringeren Einsatz an Energie und einer gesamthaft viel besseren Öko-Bilanz.

In der biodynamischen Landwirtschaft wird seit 100 Jahren ohne synthetischen Stickstoffdünger, ohne Pestizide und Herbizide und ohne Gentechnik gearbeitet. Auch als Teil der Allianz vieler Richtungen des Bio- und Ökolandbaues ist der Tatbeweis erbracht, dass eine nachhaltige Kultivierung des Bodens, der Pflanzen und der Tiere für die Erzeugung von qualitativ hochwertigen Lebensmitteln möglich ist. Der Ansatz, dass wir mit Giften einen Kampf gegen die Natur führen müssen, um uns ernähren zu können, ist überholt. Die gravierende Schwächung der Böden, der Gewässer und der Atmosphäre der Erde, die heute Tatsache ist, macht deutlich, dass wir umdenken und umschwenken sollten. Die biologisch-dynamische Land- und Ernährungswirtschaft zeigt seit 100 Jahren, dass und wie es gehen kann.

Schluss mit dem mineralischen Dünger

Rudolf Steiner, Koberwitz, 14. Juni 1924

Der mineralische Dünger ist dasjenige, was mit der Zeit ganz aufhören muss. Denn jeder mineralische Dünger bewirkt, dass nach einiger Zeit dasjenige, was auf den Feldern erzeugt wird, die mit ihm gedüngt werden, an Nährwert verliert. Das ist ein ganz allgemeines Gesetz. Nun wird gerade das, was ich angegeben habe, wenn es dann befolgt wird, es nicht nötig machen, dass man öfter düngt als alle drei Jahre. Vielleicht wird man alle vier bis sechs Jahre nur zu düngen brauchen. Den Kunstdünger wird man ganz entbehren können. Den wird man vor allem weglassen, weil es schon eine Billigkeitsfrage sein wird, wenn die Sachen angewendet werden. Der Kunstdünger ist dasjenige, was man dann nicht mehr braucht, was wieder verschwinden wird. Man beurteilt heute alles nach allzu kurzen Zeiträumen.

Sekem-Campus. Foto: Sekem

Sekem, in der Wüste nahe Kairo, Ägypten

Die Initiative «Sekem» («Vitalität der Sonne») wurde 1979 durch den Erwerb von 70 Hektar Wüste am Rand des Nildeltas, etwa eine Fahrstunde außerhalb von Kairo gelegen, von Ibrahim Abouleish gegründet. Die biodynamische Bewirtschaftung begann mit der Bewässerung aus dem eigenen Grundwasserbrunnen, mit dem Pflanzen von Hecken, dem Anbau von Klee, einer Kuhwirtschaft und einem vielfältigen Kräuteranbau. Inzwischen sind viele Vertragsbetriebe und auch neue eigene Betriebe dazu gekommen. Aktuell wird die Wüstenfarm «Wahat» in der weissen Wüste, auf halbem Weg nach Libyen, intensiv entwickelt. Die 1'000 Hektar Wüstenboden werden mittels Grundwasser kultiviert, das mit großen Kreis-Bewässerungsanlagen möglichst sparsam verteilt wird. Die ersten Anfänge sind geschafft, der Import an Kompost aus der Mutterfarm wird schrittweise durch den örtlich erzeugten Kompost abgelöst. Eine Tierhaltung ist im Aufbau. Es gibt in «Wahat» verschiedene wissenschaftliche Begleit- und Entwicklungsprogramme, z. B. ein Monitoring für die sich entwickelnde Biodiversität oder ein Labor für

Bodenbakteriologie. Immer mehr Menschen wohnen auf dem entstehenden Campus. Es gibt erste Wohnhäuser, eine Herberge mit Restaurant, eine kleine Schule und ein Theater.

Sekem als Unternehmen besteht aus sechs Firmen mit gegen 2'000 Mitarbeiterinnen und Mitarbeitern. Hier werden frische und verarbeitete Lebensmittel, Medikamente, Textilien und vieles mehr produziert, verpackt und im Inland und durch Export verkauft. Die Mitarbeitenden werden geschult, sie haben persönlichkeitsbildende Angebote, Sozialversicherungen, Zugang zu ärztlicher Versorgung, und jedes Jahr werden zwei große Feste gemeinsam gefeiert. Vor Ort gibt es Kindergärten und Schulen für die Kinder, handwerkliche Lehrkurse für die Jugendlichen und eine integrierte Betreuung für Menschen mit Assistenzbedarf. Die Gesundheitsversorgung wurde inzwischen auch auf die umliegenden Dörfer ausgedehnt.

Die biodynamische Landwirtschaft hat es hier geschafft, die Wüste in fruchtbares Land zu verwandeln. Die Böden der Kategorie «Aridisol» mit geringem Niederschlag und hoher Verdunstung weisen äußerst wenig organische Substanz auf. Mit großen Mengen an Kompost aus pflanzlichen und tierischen Abfällen wird die Bodenfruchtbarkeit aufgebaut. Dank der Forschungsarbeiten vor Ort konnte eine biologische Schädlingsbekämpfung entwickelt werden, um Baumwolle biologisch zu produzieren. Als Konsequenz stellte der ägyptische Staat die routinemäßige Pestizidspritzungen der Baumwollfelder (mehrere 100'000 ha) ein und spart seither 35'000 Tonnen Pestizid pro Jahr ein.

Um biodynamische Landwirtschaft zu fördern und die von den Sekem-Unternehmen benötigten Rohstoffe anzubauen, wurde die Ägyptische Biodynamische Vereinigung, EBDA, gegründet. Diese Vereinigung ermöglichte bis heute die Umstellung von über 170 Betrieben und 5'000 Hektar Land auf biodynamische Landwirtschaft mit Demeter-Zertifizierung. Sekem-Gründer Ibrahim Abouleish war 2003 einer der Träger des Right Livelihood Award, bekannt als «Alternativer Nobelpreis». Er erhielt die Auszeichnung für die Entwicklung eines Geschäftsmodells für das 21. Jahrhundert, in dem wirtschaftlicher Erfolg in die soziale und kulturelle Entwicklung der Gesellschaft integriert ist und diese durch die «Wirtschaft der Liebe» fördert.

Sekem in Zahlen

Insgesamt arbeiten gegen 2000 Menschen für die Sekem Holding, 40 % in der Landwirtschaft, 30 % in der Verarbeitung von Landwirtschaftsprodukten, 10 % im Baubereich, 10 % im Hotel- und Gastrobereich, 5 % im Nachhaltigkeits- und Zertifizierungsbereich.

Landwirtschaftliche Flächen. Mit den 200 Hektar auf der Mutterfarm und weiteren vier Sekem-Farmen in verschiedenen Regionen in Ägypten werden über 2500 Hektar biodynamisch bewirtschaftet. Sekem kooperiert mit 26 000 Kleinbauern, die 20 000 Hektar biodynamisch oder biologisch bewirtschaften. Das Sekem Medical Center bietet medizinische Versorgung nicht nur für die Sekem-Mitarbeitenden, sondern auch für die 30 000 Einwohnerinnen und Einwohner der 13 Nachbardörfer. Das Gesamtbudget 2021 betrug 3 Millionen Euro. Die Heliopolis-Universität (seit 2012) war von Anfang an im Sekem-Gesamtkonzept vorgesehen.

www.sekem.com (Stand 2022)

Capão Alto das Criúvas, Rio Grande do Sul, Brasilien

Das über 500 Hektar große Anwesen wird seit 1983 biodynamisch bewirtschaftet. Der bis dahin konventionell bewirtschaftete Hof war stark mit Agrochemie belastet. Man entschloss sich für groß angelegten Reisanbau. Mit der Anwendung der biodynamischen Präparate konnte in kurzer Zeit der Methangeruch der Reisfelder eliminiert werden. Im komplexen Reisökosystem werden mittels der Wasserstandsführung und der Präparate Fruchtbarkeit und natürliche Flora und Fauna harmonisiert. Inzwischen werden dort 250 Vogelarten beobachtet.

Seit 1999 ist der hier angebaute Reis Demeter-zertifiziert. Außer Reis werden auch Bohnen, Mais, Maniok und viele Gemüsearten für den Eigenverbrauch der Landwirtinnen, Landarbeiter und ihrer Familien angebaut. Auf dem Anwesen leben über 100 Rinder, gegen 100 Wasserbüffel und einige Pferde, die im Winter die Reisstoppeln beweiden.

Wie viele andere biodynamische Betriebe wirkt der Betrieb von Jao Volkmann und seinem Team als Schulungsort, wo jedes

Jahr Einführungskurse und auch Kurse für die Herstellung der Präparate durchgeführt werden.

volkmann.com.br/a-fazenda/

Huertos Urbanos in Rosario, Argentinien

In der argentinischen Großstadt Rosario wurden im Rahmen einer Initiative für biologische und biodynamische Stadtgärten fast 1'000 Hektar städtisches Land rekultiviert. Agrarökologie, Permakultur, biologische und konventionelle Landwirtschaft arbeiteten an einem großangelegten, mehrjährigen Projekt mit den Slum-Bewohnerinnen und -Bewohnern zusammen. In Kursen wurde die biodynamische Kompostierung mit Präparaten vermittelt und ein am Kosmos orientierter Aussaatkalender eingeführt. Es gab Allianzen mit lokalen Organisationen und der Stadtverwaltung, bis sich die von der Stadt überlassenen Flächen für urbane Landwirtschaft über ganz Rosario verteilten. Die Gärtnerinnen und Gärtner haben die Stadt gesäubert, begrünt und zum Erblühen gebracht, sie haben aufgeschüttete Mülldeponien in Gärten verwandelt, und schließlich entstand in Rosario das Zentrum für ökologische Landwirtschaft. Die Stadt wurde in Argentinien zu einer Vorreiterin von Öko-Wochenmärkten.

Das Rosario Urban Agriculture Project erhielt 2021 den ersten Preis des World Resources Institute / Ross Center (Prize for Cities). Bereits 2004 wurde die urbane Landwirtschaft in Rosario mit dem UN-Habitat Dubai-Preis als eine der zehn besten Initiativen weltweit zum Schutz der Umwelt und zur Verringerung der Armut ausgezeichnet. Der französische Dokumentarfilm «Wachstum – was nun?» (2014) von Marie-Monique Robin vermittelt einen Eindruck von diesem Projekt in Rosario.

Antonio Luis Lattuca in Rosario

Einer der führenden Köpfe und Baumeister des großangelegten Urban-Agriculture- bzw. Urban-Gardening-Projects in der argentinischen Millionenstadt Rosario ist der Agraringenieur und Agrarökologe Antonio Luis Lattuca: «Warum denn nicht Bauernhöfe in der Stadt bauen?» Bei ihm bekommt die landwirtschaftliche Praxis eine städtebauliche und zivilisatorische Perspektive. Das «Urban Agriculture Programme» (UAP) war eine konstruktive Antwort auf die verheerende ökonomische Krise 2001 in Argentinien, die die Hälfte der Einwohner von Rosario in die Armut stürzte. Lattuca wurde zum Koordinator zwischen der Stadtverwaltung und dem Netz der lokalen Organisationen aus Agroökologie, Permakultur und biodynamischer Landwirtschaft.

90 % der Bevölkerung Argentiniens leben in Städten. «Man ist kalt geworden, profitorientiert, mechanisch, leblos. Es ist zwingend geworden, den Menschen einen neuen Anstoss zu geben, dass sie einen neuen Lebensraum erschaffen, Vitalität und die Lebensqualität eines Zivilisationszentrums wiederfinden.»

Als Mitglied der «Argentina – Association for the Biological-Dynamic Agriculture of Argentina» (AABDA) weiß er um die langjährige Erfahrung, dass es in den Händen der assoziierten Bauern liegt, ohne Chemie, aber mit Kompostierung, biologischen Düngemitteln und Präparaten den Boden in und um die Städte fruchtbar zu machen. «Heute, in der aktuellen Krise, sind wir mehr denn je aufgerufen, die Erde zu kultivieren, von Neuem die Furchen zu öffnen, um zu säen. Es ist eine große Gelegenheit und Herausforderung, all das brachliegende Ödland in und um unsere Städte zu kultivieren. Unsere Städte drängen uns danach, sie zu kultivieren.»

www.agriurbanarosario.com.ar/

Alianzas por la Tierra. Foto: Gramona

Alianzas por la Tierra, Spanien
Allianzen für die Erde, ein kollektives Werk

Das Weingut Gramona in Penedès, 30 km von Barcelona, wird seit 2016 biodynamisch bewirtschaftet. Es ist ein Vorzeigebetrieb von 100 Hektar mit Integration von Schafen, Arbeit mit Pferden in den Reben, Landschaftsgestaltung, ökologischem Gebäude und Keller. Seine Schaumweine gehören mit regelmässig 90 Punkten und mehr für die Kenner zu den besten Schaumweinen der Welt. Zusammen mit zwölf anderen benachbarten Betrieben, die heute alle biodynamisch arbeiten, initiierte Gramona die «Alianzas por la Tierra», die über 300 Hektar Weinmonokulturen in eine vielfältige biodynamische Landschaft umgewandelt hat. Es ist ein gutes Beispiel, wie Kooperation statt Konkurrenz Wege in die Zukunft öffnet.

www.gramona.com/en/aliances-per-la-terra-working-collective

Komposthaufen bei Binita Shah in Indien. Foto: Bernard Schmitt

Die «Compost Queen»
und 50'000 Kleinbauern in Indien

Im Jahre 2000 wurden in Uttarakhand, einem nördlichen Gliedstaat Indiens am Fusse des Himalaya, 100'000 Komposte mit biodynamischen Präparaten erstellt. Das geschah auf Initiative von Binita Shah. Im Rahmen dieses Förderprojekts der indischen Regierung sind es inzwischen (2020) über eine Million Komposte, mit denen die Unabhängigkeit von 50'000 Kleinbauern gestärkt wird.

Binita Shahs eigener Betrieb mit fünf Hektaren liegt im Dorf Supi in einer steilen Region auf 2'400 m Höhe in den ersten Ausläufern des Himalaya. In jedem Jahr gehen in dieser Region mit den sintflutartigen Regenfällen 30 Tonnen Boden pro Hektar verloren. Die vom Monsun beschädigten Anbauterrassen müssen jeden Winter wieder instandgesetzt werden.

«Supa Biotech» ist ein führender Hersteller von biodynamischen Präparaten. Das Unternehmen wurde 1998 von Benita Shah gegründet. Der Name ist die Abkürzung für «Steiner's Universal Philosophy for Agriculture». Es gibt eine langjährige Zusammenarbeit für

Anbauversuche und Ertragstests mit regionalen Universitäten für Landwirtschaft.

Die Schwester-Organisation «SARG» («Steiner's Agriculture Research Group») unterstützt die Umstellung von konventioneller zu organischer und biodynamischer Landwirtschaft. SARG wurde 2012 von der Regierung des Staates Maharashtra mit dem renommierten Preis «Krishi Bhushan Award» ausgezeichnet für ihren Einsatz in der Förderung der organischen Landwirtschaft.

Die Initiative von Benita Shah ist ein Beispiel aus Nordindien. Es gibt einige andere grosse Projekte auch in Mittel- und Südindien, wo viele Familienbetriebe angeleitet werden, mit biodynamischen Praktiken ihr Auskommen und die Gesundheit für die ganze Familie zu verbessern. Diese gut organisierten Projekte sind oft um ein Exportprodukt wie Tee oder Kaffee gruppiert.

In Indien wird häufig das Fladenpräparat verwendet, das ursprünglich von Maria Thun in Deutschland in den 1970er-Jahren entwickelt wurde. Das Fladenpräparat unterstützt die Stärkung der Pflanzen und die Abwehr von Schädlingen, es wird auch zur Behandlung von Saatgut verwendet. Mit einer kleinen Menge von Kompostpräparaten können vierzig Kilogramm Fladenpräparat produziert und als Kompostpräparat verwendet werden. Die Herstellung des Fladenpräparats geschieht in einer mit Ziegeln eingefassten Bodengrube. Die Kompostpräparate werden einer Mischung aus frischem Kuhmist von laktierenden Kühen, gemahlenen Eierschalen, Basaltmehl und unraffiniertem Zucker zugegeben. Es wird in Indien «Cow Pat Pit'» genannt, kurz «CPP». Es gibt auch traditionelle Formen von CPP aus der ayurvedischen Landwirtschaft. Aussaatkalender sind bereits in der indischen Tradition bekannt. Dazu kommt die Verehrung der Kuh im Hinduismus. Diese Anknüpfungspunkte machen es in Indien leicht, die Biodynamik in die Dörfer zu bringen.

Saatgut. Fotos: Verena Wahl

Zukunft säen – Saatgut ist Allgemeingut
Unabhängigkeit mit eigener Züchtung

Jede Landwirtin, jeder Gärtner braucht jährlich Saatgut. Saatgut hat Warencharakter, es ist als Sorte auch ein Rechtsgut und gleichzeitig ist es auch ein Kulturgut. Wie können Züchtung, Vermehrung und Handel mit Saatgut eingerichtet werden, um allen Aspekten gerecht zu werden?

Der Saatgut-Markt ist heute sehr umkämpft. Er wird wirtschaftlich von wenigen Großkonzernen beherrscht, diese arbeiten rechtlich mit Patentschutz und züchterisch mit Hybrid- und Gentechnik.

Vor diesem Hintergrund ist eine eigenständige biodynamische Züchtung entstanden. Aus einfachsten Anfängen hat sich ein Netzwerk von Züchtern, Vermehrungsorganisationen und Handelsbetrieben entwickelt. In den europäischen Kernländern kann heute fast alles Saatgut, das auf einem Hof oder in einem Garten gebraucht wird, aus diesem biodynamischen Netzwerk bezogen werden. Beim Getreide gibt es eine Sortenvielfalt aus biodynamischer Züchtung, bei den Ackerleguminosen und beim Mais erste Sorten, beim Gemüse sind für fast alle üblichen Arten biodynamische gezüchtete und von den Sortenämtern zugelassene Sorten erhältlich, bei der Apfelzüchtung sind die ersten Sortenkandidaten in der Anmeldung. Die Saatgutinitiativen, die im Rahmen der biodynamischen Bewegung entstanden sind, zeugen vom Potential, das im Landwirtschaftlichen Kurs veranlagt worden ist.

Züchtung & Forschung Dottenfelderhof

Seit 1977 arbeiten Forschungsgruppen auf dem Dottenfelderhof in Bad Vilbel in Deutschland und verbinden wissenschaftliche Grundlagenforschung mit landwirtschaftlicher Praxis. Der biodynamische Landwirtschaftsbetrieb umfasst auch eine Landbauschule. Der wissenschaftliche Leiter von *Züchtung & Forschung Dottenfelderhof*, Hartmut Spieß, erhielt 2021 das Bundesverdienstkreuz für seine Pionierarbeit im ökologischen Landbau, insbesondere im Bereich Saatgutgesundheit und Saatgutzüchtung. Seine Forschungsgruppe zählt zu den führenden ökologischen Getreide- und Gemüsezuchtinitiativen mit inzwischen zahlreichen vom Bundessortenamt zugelassenen Winterweizen-, Sommerweizen- und Gemüse-Sorten; darunter auch erstmals ökologisch gezüchtete Weizen-Sorten mit Steinbrand- und Flugbrandresistenz und mit außerdem ausgezeichneten Backqualitäten. Inzwischen hat Hartmut Spieß die Leitung an die nachfolgende Generation übergeben.

Saatgut. Foto: Getreidezüchtung Peter Kunz

Getreidezüchtung Peter Kunz (GZPK) – Verein für Kulturpflanzenentwicklung

In der Schweiz startete Peter Kunz als Einmann-Betrieb 1984 die «Getreidezüchtung Peter Kunz». Heute ist daraus ein Züchtungs-unternehmen mit 15 Mitarbeiterinnen und Mitarbeitern gewor-den. Peter Kunz hat den Betrieb inzwischen an die nachfolgende Generation übergeben. Insbesondere bei Weizen, Dinkel und Triti-cale kommen kontinuierlich neue Sorten auf den Markt, mit dem Resultat, dass 65% des Bioweizens in der Schweiz aus GZPK-Sor-ten stammt. Es ist durchaus so, dass die Sorten, die mit Leitbildern gezüchtet werden, welche sich aus dem *Landwirtschaftlichen Kurs* und aus der Anthroposophie ergeben, in der Branche Anerkennung finden, und zwar weit über die biodynamischen Kreise hinaus. Der größte Erfolg ist die Sorte «Wiwa», sie bringt stabile Erträge für den Bauern, eine höhere Mehlausbeute für den Müller, mehr Brot pro Kilogramm Mehl für die Bäckerin und eine ausgezeichnete Ernäh-rungsqualität für den Konsumenten. Die Unternehmensstruktur ist die eines kleinen gemeinnützigen Vereins. Die Arbeit wird von Beginn an gefördert durch Privatpersonen und Stiftungen. Seit fast

20 Jahren gibt es auch eine fruchtbare Zusammenarbeit und Förderung durch Coop Schweiz. Inzwischen steigen die Einkünfte der Sortenlizenzen jedes Jahr an, und es ist immer besser möglich, aus diesen Erträgen die Entwicklung neuer Sorten zu finanzieren.

Diese zwei Beispiele, Dottenfelderhof und Getreidezüchtung Peter Kunz, stehen stellvertretend für eine ganze Reihe von Züchtern, die mit Getreide- und Feldkulturen seit Jahrzehnten züchterisch arbeiten und einen beachtlichen Reichtum an Sorten für die Bauern und die Verarbeiterinnen hervorgebracht haben. Der Züchtungsfonds der «Zukunftsstiftung Landwirtschaft» ist seit vielen Jahren ein verlässlicher und vermittelnder Partner für diese Menschen mit ihrem existenziellen Engagement für die Kulturpflanzen. Die Stiftung fördert wegweisende Projekte der ökologisch und sozial nachhaltigen Landbewirtschaftung, insbesondere die biodynamische Landwirtschaft, Pflanzenzüchtung und Saatgut.

Für Getreide- und Feldkulturen wurde 2021 die «BioSaat GmbH» als Vermehrungsorganisation für ökologisch gezüchtete Sorten gegründet. Sie hat zum Ziel, die Bekanntheit und Verbreitung ihrer Sorten in ganz Deutschland, Europa und der Welt voranzubringen.

Gemüsesaatgut

In Deutschland sind die biodynamischen Züchter von neuen Gemüsesorten in dem Verein «Kultursaat e.V.» zusammengeschlossen. Bis jetzt sind über 100 neue Sorten gezüchtet und vom Bundessortenamt geprüft worden. Die Bingenheimer Saatgut AG ist der Handels- und Vermehrungsbetrieb für diese und viele weitere Sorten, so dass ein vollständiges Sortiment für den biologischen Erwerbsanbau und die Hobbygärtner bereitstehen. Die Aktivitäten wachsen schnell, die Firma hat inzwischen über 100 Mitarbeitende und über 100'000 direkte Kundinnen. Der Verein Kultursaat und die Bingenheimer Saatgut AG wurden 2021 mit dem Wissenschaftspreis des «Organic Farming Innovation Award» (OFIA) ausgezeichnet.

In der Schweiz ist die «Sativa Rheinau AG» der größte und prominenteste Züchter, Vermehrer und Handelsbetrieb für biodynamisches Saatgut. Jährlich kommen neue Sorten aus eigener Züchtung in den Verkauf, neue Partnerschaften werden eingegangen, so zum Beispiel mit «ProSpecieRara» für alte Lokalsorten. Neue Märkte werden aktiv erschlossen, insbesondere in Frankreich und Italien. Der Betrieb ist als AG organisiert, was eine aktive Beteiligung vieler Stakeholder ermöglicht. Sativa ist Partner im Unternehmensverbund «Fintan» in Rheinau, und die eigenen Züchtungs- und Vermehrungsflächen sind eingebunden in den 120 Hektar großen Demeter-Gutsbetrieb Rheinau.

In Österreich wurde 1998 die Firma «Reinsaat» gegründet und hat sich bis heute so entwickelt, dass mit ca. 50 Mitarbeiterinnen und Mitarbeitern ein vollständiges Sortiment an Sämereien angeboten werden kann. Darunter sind viele Eigenzüchtungen oder solche aus Partnerbetrieben.

In einigen Ländern gibt es kleinere Saatgutinitiativen, die Sorten aus biodynamischer Zucht vermehren und vermarkten. Die Züchter arbeiten mit einem Leitbild, das die Pflanze zwischen Erde und Kosmos stellt, um die bestmögliche Ernährungsqualität zu erzeugen. Das Züchterhandwerk einer On-farm-Züchtung wird beherrscht und die Vermarktung professionell gehandhabt. Um die autonome Saatgut-Züchtung zu intensivieren, wird darauf hingearbeitet, auf den ganzen Food-Umsatz der Biobranche am Verkaufspunkt eine Promille-Abgabe zu erheben. Damit soll die Finanzierung der Züchtung gefördert werden.

Indische Bäuerinnen bei einem Vortrag. Foto: Timbaktu Collective

Vandana Shiva
Aktivistin für Biodiversität, ökologische Landwirtschaft und patentfreies Saatgut

Als es sich Ende des vergangenen Jahrhunderts abzeichnete, dass Grosskonzerne mit Patenten eine totale Kontrolle über das Saatgut ausbauten und rechtlich absicherten, gründete die Wissenschaftlerin und Aktivistin Vandana Shiva 1994 die Initiative «Navdanya» in Indien. In den Saatgutbanken von Navdanya werden über 3'000 Reissorten gelagert. Sie war entschlossen, die Saatgutvielfalt und die Rechte der Bäuerinnen zu schützen, damit es ihnen weiterhin möglich ist, Saatgut zu vermehren, zu züchten und frei auszutauschen. Ihr vehementer Kampf gegen die Giftkartelle gründet sich auf dem Vertrauen in eine Zukunft der Agrarökologie mit Biodiversität und Saatgut-Souveränität. «Wir brauchen eine Wiederbelebung der Kleinbauernhöfe, der echten Höfe mit echten Menschen, die sich um das Land, das Leben und um die Zukunft kümmern und vielfältige, gesunde, frische, ökologische und echte

Lebensmittel für alle erzeugen. Wir brauchen viele Arten der Landwirtschaft, die mit der Evolution arbeiten und die Zeit zum Freund haben.» In Indien erproben Millionen Bauern und Bäuerinnen die Umstellung auf Biolandwirtschaft. Im Bundesstaat Sikkim verbietet seit 2016 ein Gesetz den Einsatz von Pestiziden, Kunstdünger und Gentechnik, es soll nur noch Biolandwirtschaft geben.

Auf ihrer Navdanya-Farm werden über 2'000 Kulturpflanzen angebaut und es wachsen über 150 Baumarten. Die Bio-Farm wird ausschließlich von Frauen geführt. Für ihren engagierten Einsatz zugunsten der gesellschaftlichen Stellung der Frau und für die Ökologie in der aktuellen Entwicklungspolitik erhielt die Wissenschaftlerin und Aktivistin 1993 den «Alternativen Nobelpreis» (Right Livelihood Award) und zahlreiche weitere Ehrungen. Sie wurde 2023 zur jährlich stattfindenden «Landwirtschaftlichen Tagung» am Goetheanum in Dornach mit einem eigenen Beitrag eingeladen.

www.navdanya.org

Weidende Kühe. Foto: Charlotte Fischer

Tiere in der Landwirtschaft
Tierwohl und Ethik im Umgang mit dem Leben

Tiere haben in der biodynamischen Landwirtschaft einen festen Platz. Im «Landwirtschaftlichen Kurs» zeichnet Rudolf Steiner das Bild des geschlossenen Hoforganismus in der Weise, dass die Verwandlung des Futters in der Verdauung der Tiere zu Mist es erlaubt, den Substanz-Kreislauf des Hofes mehr oder weniger zu schließen. Am vollständigsten geht das mit den Kühen und Rindern, da ihre Wiederkäuer-Verdauung hoch entwickelt ist. Der Hofdünger, der anfällt und sorgfältig gepflegt wird, führt zu einer sich steigernden Bodenfruchtbarkeit, insbesondere durch eine standortangepasste Entwicklung des mikrobiologischen Bodenlebens. Bei guter Betriebsführung kann ein betriebseigenes Biom entstehen, was sich in der Praxis als Resilienz des ganzen Hofes bemerkbar macht.

In den letzten Jahren ist das Tierwohl ein großes Thema geworden. Auch auf diesem Gebiet gibt es viele Pionierleistungen aus der biodynamischen Praxis und Forschung. Michael Rist hielt an der ETH Zürich eine Professur für Tierhaltung und Bauwesen. In den 1970er- und 1980er-Jahren forschte er mit Studenten und Doktorandinnen zur «Artgemäßen Tierhaltung», damals ein Novum. Er beschrieb seinen Forschungsansatz so:

In der Landwirtschaft führte der Verlust an Denkkultur dazu, nicht mehr nach den Bedürfnissen der Nutztiere und den Lebensbedingungen der Kulturpflanzen, sondern nur noch nach der Maximierung des ökonomischen Ertrags zu fragen. Durch das Verfolgen dieser kurzfristigen, rein wirtschaftlichen Zielsetzung entstand eine Art Zwang zu umweltschädlichen Massnahmen, was eigentlich jedem Bauern zuwider ist. [...] Es sollen in den folgenden Beiträgen Beispiele aus der Rinder-, Schweine- und Hühnerhaltung vorgestellt werden, die zeigen, wie wenig artgemäss oft übliche Haltungssysteme sind und wie man zur artgemässeren Gestaltung neuer Haltungssysteme kommen kann. Dabei werden dann die ökonomischen Gesichtspunkte auf den ihnen zustehenden zweiten Platz verwiesen. Damit wird auch in der Tierhaltung wieder zuerst überlegt, was richtig, d. h. wesensgemäss ist, und erst dann wird das Richtige möglichst ökonomisch realisiert [...].

Michael Rist: Artgemäße Nutztierhaltung. Ein Schritt zum wesensgemäßen Umgang mit der Natur, Stuttgart 1989, S. 11 und 17.

So werden auf biodynamischen Betrieben schon seit gut 30 Jahren Laufställe für behornte Tiere entwickelt. Dem Weidegang wurde immer große Bedeutung beigemessen. Die Beschränkung auf das hofeigene Futter bringt eine gesunde Balance zwischen

Fläche und Tierbesatz. Diese Integration der Tiere in den Hoforganismus wirkt stabilisierend und beruhigend auf die Herde, was sich in einer guten Herdengesundheit zeigen kann. Die Mensch-Tier-Beziehung wird als wichtig erlebt und im Alltag möglichst gepflegt. Tierzukäufe sind die Ausnahme, in der Regel geschieht die Verjüngung der Herde über die eigene Nachzucht.

Ein anderer Aspekt ist die auf biodynamischen Betrieben übliche Vielfalt an Haustieren und auch die Gestaltung und Pflege der Landschaft, damit eine vielfältige Wildtierfauna an Vögeln, Insekten, Säugetieren und Reptilien ansässig sein kann. Die Präsenz von Tieren führt zu einer Durchseelung des ganzen Hofes und der Landschaft. Das ganze Tierreich besteht aus Spezialisten. Jede Tierart bringt eine eigene Qualität in ihrem Umfeld zum Ausdruck und prägt dadurch diesen Lebensraum. Wie verschieden ist doch der Geruch im Schweinestall oder bei den Pferden, wie anders ist der Flug eines Milans oder der Schwalben, wie verschieden ist der Amselgesang vom Krähen des Hahnes. Diese Vielfalt zu ermöglichen, ist ein Ziel der biodynamischen Landwirtinnen und Landwirte und prägt das Leben auf den Höfen. Man kann auch beobachten, dass dadurch die Qualität der Produkte beeinflusst wird; auf jeden Fall berichten Winzer von positiven Veränderungen ihrer Weine, wenn es gelingt, Tieren im Weinberg einen Lebensraum zu geben.

Ein Praxisbeispiel

Auf dem Hofgut Rengoldshausen/DE ist Mechthild Knösel verantwortlich für die Rinderhaltung und engagiert sich dafür, dass die 50 Tiere in guter Umgebung und unter artgerechten Bedingungen aufwachsen. Sie begegnet den Tieren mit Respekt und nimmt ihre Bedürfnisse wahr. Das Kernstück von Mechthild Knösels

Rinderherde sind die Milchkühe, Original Schweizer Braunvieh. Die Haltung dieser Zweinutzungsrasse macht es möglich, Fleisch- und Milchproduktion zusammenzuführen. Muttergebundene Kälberaufzucht wird praktiziert: Die Kälber trinken regelmäßig bei der Mutter, und die Mutterkuh ist trotzdem in der Herde integriert. Die gesamte Nachzucht bleibt auf dem Hof. Die weiblichen Tiere werden in die Kuhherde integriert, die männlichen wachsen natürlich heran und werden entweder für die Zucht eingesetzt oder später auf dem Hof geschlachtet. Die Fütterung besteht nur aus Gras, im Sommer frisch und im Winter trocken als Heu und Emd. Über acht Monate sind diese Tiere auf der Weide. Ihren Jungkühen bringt Mechthild Knösel bereits neun Monate vor dem Kalben bei, in den Melkstand zu gehen. Wenn es dann an der Zeit ist für den Melkstand, begehen sie diesen ohne Stress. Mechthild Knösels persönliche Beziehung zu ihren Tieren geht bis zu einer möglichst angst- und stressfreien Schlachtung. Sie übernimmt selber das Töten ihrer Tiere auf dem Hof, bevor das Fleisch beim Schlachter verarbeitet und anschließend auf dem Hof vermarktet wird.

Der «Verein für biologisch-dynamische Landwirtschaft in der Schweiz» beschloss 2022, dass Kälber mindestens 120 Tage auf dem Geburtsbetrieb oder einem biologisch-dynamischen Partnerbetrieb bleiben sollen und erst dann mit erstarktem Immunsystem auf einen Mast- oder Aufzuchtbetrieb versetzt werden. Um allen Betrieben Zeit für die nötigen Anpassungen zu geben, treten die neuen Richtlinien gestaffelt in Kraft und sollen bis Ende 2030 vollständig erreicht sein. Diese Regelung ist die Umsetzung der Erkenntnis in Forschung und Praxis, dass das Immunsystem des Kalbes diese Entwicklungszeit braucht, um genügend stabil zu sein. Sonst bestünde die Gefahr, dass bei einer Verstellung auf einen anderen Hof Antibiotika eingesetzt werden müssten.

2

Wirkungsgeschichte des Landwirtschaftlichen Kurses

Der «Landwirtschaftliche Kurs» Rudolf Steiners reicht weit über das primäre Anliegen der Landwirtschaft, die Nahrungserzeugung, hinaus. Das zeigt sich in kulturellen und gesellschaftspolitischen Konsequenzen, in einem gesteigerten Umgang mit der Natur und in einem veränderten Konsumverhalten. Das erwachte Qualitätsbedürfnis bleibt nicht bei der Analyse von Stoffen stehen.

Produzenten, Konsumentinnen und Händler verfolgen einen verantwortlichen, nachhaltigen Umgang mit den Ressourcen, der Um- und Mitwelt. Die praktizierten oder erst erprobten sozialen, ökonomischen, ökologischen, rechtlichen und gesellschaftlichen Lebens- und Arbeitsformen begleiten und fördern die Entwicklung der biodynamischen Wirtschaftsweise.

Biologisch-dynamisch: biodynamisch

Die Bezeichnung «biologisch-dynamisch» war nicht von Anfang an da und stammt nicht von Rudolf Steiner. Zunächst sprach man von «biologischer Düngung». Andere bestanden auf «dynamisch». Ab 1927 setzte sich der Kompromiss und die Synthese «biologisch-dynamische Wirtschaftsweise» durch. Im Zuge einer ersten Genossenschaftsgründung 1928, einer sogenannten

Verwertungsgenossenschaft, wurden der Name und die Marke «Demeter» für die Produkte aus biologisch-dynamischer Erzeugung gewählt und geschützt. «Demeter» ist bis heute das Markenzeichen für Produkte, die nach den biodynamischen Anbaurichtlinien und den Richtlinien für die Verarbeitung zertifiziert sind. Inzwischen gibt es auch verbindliche Grundsätze für die Vermarktung und für die sozialen Standards entlang der Wertschöpfungskette.

Organisations- und Betriebsformen

Die Einsicht und die Erfahrung aus der Praxis, dass die Landwirtschaft zu einer Ganzheit mit den Aspekten Organismus und Individualität gestaltet werden kann, wenn sie qualitativ und auch quantitativ funktionieren soll, fordert jede Generation heraus, lebensfähige Formen dafür zu finden. Dabei ist Innovation gefragt, einerseits in der Organismusbildung der Landwirtschaft und andererseits in den sozialen Formen der Zusammenarbeit, der Vermarktung und auch der Eigentümerschaft des landwirtschaftlichen Kapitals mit Boden, Pflanzen, Tieren.

Der klassische Gemischtbetrieb

Dieser Betriebstyp ist gruppiert um eine Familie, die oft in zwei oder drei Generationen tätig und anwesend ist und sich um die ganze Palette von landwirtschaftlichen Aktivitäten mit Boden- und Düngerpflege, diverser pflanzlicher Produktion und oft auch vielfältiger Tierhaltung kümmert. Die Größe spielt dabei eigentlich keine Rolle, es kann sich um einen großen Gutsbetrieb mit einem ganzen Stab von Mitarbeitenden handeln, um einen typischen westeuropäischen Bauernhof oder auch um einen südindischen Kleinbetrieb mit 2 Hektar Land. Viele, wenn nicht die meisten, der biodynamischen Betriebe funktionieren auf diese Weise. Eine klare Beschränkung erfährt dieser Betriebstyp von der sozialen Seite her: Er erfordert einen ununterbrochenen Arbeitswillen, 365 Tage im Jahr und von einem Jahr zum anderen. Leben und Arbeit werden zu einer Einheit. Früher war das gegeben, für die Aussteigergeneration war es häufig noch ein Ideal. Langfristig ist diese Identität von Leben und Arbeit heute eine große Herausforderung.

Gemeinschaftsbetrieb

Von den 1970er-Jahren an kam es in der biodynamischen Bewegung, insbesondere in Deutschland, zur Gründung von Betriebsgemeinschaften. Drei bis fünf Familien teilen sich die Arbeitsfelder eines Hofes auf. Viehhaltung, Ackerbau, Gemüsebau, Verarbeitung und Vermarktung sind die klassischen Bereiche. Damit wird es möglich, größere Betriebe zu bewirtschaften. Eine graduelle Spezialisierung erlaubt auch ein spezifischeres Knowhow für die einzelnen Produktionsgebiete. Gleichzeitig bleiben alle landwirtschaftlichen Vorteile des klassischen Gemischtbetriebes erhalten. Sozial gesehen bringt die Zusammenarbeit Vorteile wie jede Arbeitsteilung. Insbesondere für die Wochenend- und Ferienablösungen in den 7-Tage-Betriebszweigen eröffnen sich neue Möglichkeiten. Auch die Zusammenschau, die unternehmerische Gestaltung im Team kann vor vielen Irrtümern bewahren und an und für sich als lohnend erlebt werden. Aber genau da sind auch die ganz großen Herausforderungen. Wie in jeder langfristigen Partnerschaft braucht es Pflege des Vertrauens, gegenseitiges Interesse, klare Schnittstellen zwischen den Menschen und Arbeitsgebieten, gemeinsame geistige Arbeit, eine gemeinsam getragene Verantwortung gegen außen. In der Regel sind solche Gemeinschaftshöfe in einer gemeinnützigen Trägerschaft. Dies ist eine hilfreiche Voraussetzung, wenn man die Eigentumsfrage an den landwirtschaftlichen Produktionsmitteln im Sinne einer Gemeinwirtschaft lösen will, was für die biodynamische Bewegung ein starker Impuls ist.

Kooperation mit Gemüsebau

Diese Form ist vor allem in Frankreich häufig. Innerhalb eines gemischtwirtschaftlichen Betriebes wird eine personell und finanziell eigenständige Betriebseinheit für den Gemüsebau geführt. Dies hat viele Vorteile für den Gemüsebetrieb. Dünger, große Maschinen, Fruchtfolgeflächen kommen vom Landwirtschaftsbetrieb, dieser profitiert durch die Kundennähe, die intensive Saison mit den vielen Praktikanten, den Erhalt der Handarbeit vor allem in menschlicher und sozialer Hinsicht. Die weitgehende Eigenständigkeit erlaubt langfristig bessere und klarere Zusammenarbeit. In Frankreich gibt es einige spezifische juristische Formen für die Landwirtschaft, die solche Kombinationen ermöglichen. Damit werden Spezialisierungen innerhalb eines größeren Betriebsganzen gefördert.

Der Goetheanum Gartenpark wird als organische Ganzheit gestaltet. Foto: Goetheanum

Gartenpark

In der anthroposophischen Bewegung gibt es viele Heime, Tagungsstätten, Kliniken, Schulen, die ein größeres Gelände oder einen Campus zu pflegen haben. Aus dieser Situation ist ein besonderer Typ von «Park-Gärtnerei» entstanden. Ein Erholungspark mit allen vorstellbaren Elementen, insbesondere Bäumen, Sträuchern und Hecken, Wiesen und Rasen, Wasseranlagen und Feuchtbiotopen, Wegen und Ruheplätzen durchdringen sich mit den Produktionsbereichen für Gemüse, Blumen, Gewürzen, Heilpflanzen, Beeren, Obst, Kompostanlagen. An vielen Orten sind auch Tiere auf die eine oder andere Art in diesen Parkorganismus eingegliedert. Ein Beispiel sind die Kühe auf dem 10 Hektar großen Gartenparkgelände des Goetheanum in Dornach. In der Weidesaison werden die Wiesen von einer fünf- bis sechsköpfigen Herde inklusive Stier und Kälber der kleinen Rasse Rhätisches Grauvieh beweidet. Im Winter sind sie bei einem benachbarten biodynamischen Hof im Stall. Den Kühen geht es gut, das Gelände gewinnt an Attraktivität und an seelischer Intensität, die Düngung des Geländes ist gewährleistet und die Spaziergänger konnten schon manchmal der Geburt eines Kälbchens beiwohnen.

Biodynamischer Weinbau. Foto: Charlotte Fischer

Weinbau in Öko-Landschaften

Ein Weinbaubetrieb, der auf biodynamisch umstellt, ist in der Regel zunächst weit weg vom landwirtschaftlichen Organismus, er besteht lediglich aus seinen Rebparzellen. Durch den biodynamischen Impuls werden sensible Winzer jedoch vermehrt auf die umgebende Natur aufmerksam und beginnen, diese zu pflegen. Aus der umgebenden Wildnis wird eine kultivierte Landschaft, im Weinberg wird auch schon einmal eine Gehölzinsel angelegt, den Vögeln werden Nistmöglichkeiten geboten. Wenn es die Verhältnisse erlauben, kommen sogar große Säugetiere auf den Weinbaubetrieb, Schafe, Ziegen, Kühe und Pferde.

So gibt es von Frankreich über das Burgenland in Österreich, die Mosel in Deutschland, in der Schweiz, in Kalifornien und Oregon in den USA, bei Quebec in Kanada, in Chile, Argentinien, in Südafrika bis Neuseeland und Australien heute biodynamische Weinbaubetriebe, die neben ihren Rebparzellen eine große, sehr vielfältige und zuweilen auch für Besucher zugängliche Öko-Landschaft gestalten und bewirtschaften. Was vielleicht zunächst wie eine private Liebhaberei aussieht, ist bei genauerem Hinsehen und Hinhören eine ausgeklügelte Produktionstechnik: Niemals würden auf den Rebparzellen die hochkarätigen Trauben reifen, wenn nicht diese Fruchtbarkeitsleistung von der ganzen umgebenden Landschaft mitermöglicht würde. Das Resultat sind geschätzte und immer wieder preisgekrönte Spitzenweine aus dem Bioweinbau.

Zukunftsperspektiven aus dem Kurs

Die Landwirtschaft als Ganzheit immer besser zu verstehen und zu gestalten – als Organismus, aber auch in der Dimension der Individualität – wird noch lange eine herausfordernde Aufgabe bleiben. Viele der betrieblichen, gesellschaftspolitischen und selbst globalen Probleme der Landwirtschaft erhalten eine fruchtbare Perspektive, wenn sie unter diesem Aspekt bearbeitet werden.

Dies gilt unter anderem auch für die wirtschaftlichen Fragen der Landwirtschaft. Sie wird heute betriebswirtschaftlich als Gewerbe oder Industrie verstanden. Als solche betreibt sie aber dauernd Raubbau an der Natur und auch an der Gesellschaft. Sie kann sich kaum halten und muss staatlich subventioniert werden. Wird sie als Urproduktion verstanden, eingerichtet und gerechnet, kann sie einen gesunden Gegenpol bilden zu der Ressourcen verbrauchenden Industrie. Wenn die biodynamische und biologische Landwirtschaft dies noch deutlicher und griffiger zeigen kann, kann die Landwirtschaft ihre ausgleichende und gesundende Rolle im sozialwirtschaftlichen Zusammenhang wieder einnehmen, die sie ja lange hatte und heute weitgehend verloren hat. Dies wird nicht durch ein Zurück-zu-traditionellen-Verhältnissen, sondern durch ein mutiges Vorwärts in neue Kooperationsformen und Umgangsformen mit der Natur erreicht.

Der Hof als soziales Labor

In den 1970er- und 1980er-Jahren sind viele biodynamische Höfe zu eigentlichen Laboren für eine neue Sozialgestaltung geworden. Junge Menschen aus der Stadt entwickelten vielfältige Formen, um die Eigentumsfrage für Grund und Boden aus traditionellen Fesseln zu lösen und den Hof in eine gemeinnützige Trägerschaft zu überführen.

Die Bodenfrage ist essenziell für die Landwirtschaft. Wem gehört der Boden? Wer hat das Recht, ihn zu bewirtschaften? Wie ist die Schnittstelle zwischen Eigentum und Bewirtschaftungsrecht am Boden gestaltet? Wie wird der Generationenwechsel vollzogen? Wie findet sich das Kapital, um den Boden zu Marktpreisen zu kaufen, um ihn dann zu lebbaren Bedingungen der Bewirtschaftung zur Verfügung zu stellen? Welchen rechtlichen und finanziellen Anspruch kann dieses Kapital haben?

Die langfristige, generationenübergreifende rechtliche und finanzielle Verantwortung für das Land und die Gebäude kann auf eine juristische Person übertragen werden, die dem biodynamischen Impuls verpflichtet ist. Der Übergang von der angestammten Besitzerfamilie auf den neuen Träger wird in vielen Fällen als Schenkung vollzogen. Dieser Träger kann sowohl von den Bewirtschaftern als auch von den Mitgliedern geführt werden, die sich als Repräsentanten der nichtbäuerlichen Gesellschaftskreise verstehen. Das Herauslösen aus dem Erbstrom gibt den Bewirtschaftern die Möglichkeit, in eine freiere kollegiale Zusammenarbeitsform zu kommen. Es entstand eine ganze Reihe von Gemeinschaftshöfen und Höfen, die in direkter Kooperation mit anderen wirtschaftlichen Tätigkeiten stehen.

LandWIRTSCHAFT zwischen Hof und Markt
Solidarisches assoziatives Wirtschaften

Der Bauer ist Land-Wirt und die Bäuerin ist Land-Wirtin. Sie bewirtschaften das Land. Sie wirtschaften. Sie sind ganz auf der Naturseite der Wirtschaft angesiedelt. Mit einem Bein stehen sie in der Natur und mit dem anderen Bein im Markt. Er und sie sind Produzierende. Auch Bio-Produkte haben ihren Preis.

Wirtschaftliche Fragen der Landwirtschaft begleiten die biodynamische Bewegung seit ihren Anfängen. Beim assoziativen Wirtschaften nehmen die wirtschaftlich tätigen Unternehmungen ihre wirtschaftlichen Beziehungen untereinander bewusst und willentlich in die Hand: Sie bilden Assoziationen.

Eine Assoziation kann konkret entstehen, indem ein Wirtschaftspartner andere Partner an einen runden Tisch einlädt. An diesem Tisch ist das erste Ziel, die relevanten wirtschaftlichen Vorgänge, die verbinden, gemeinsam in den Blick zu nehmen. Der zweite Schritt ist eine Beurteilung der gefundenen Lage – gibt es

Marktplatz. Foto: Verena Wahl

zu viel oder zu wenig Ware? Wie ist der Preis? Wie wird sich die Nachfrage entwickeln? – Der dritte Schritt ist die Gestaltung der wirtschaftlichen Parameter (Qualität, Menge, Preis). Dabei handeln alle Beteiligten in eigener Kompetenz, aber auf Grund des gemeinsamen Bildes und der gemeinsam beurteilten Lage. In der Assoziation werden die gleichen Regelprozesse im Wirtschaftlichen vollzogen wie auch anderswo. Der entscheidende Unterschied ist, dass sie nicht anonym oder halb versteckt ablaufen, sondern willentlich, transparent und partnerschaftlich.

Es gibt kein fixes Modell für Assoziationen. Assoziationen können sehr unterschiedlich sein: Klein um einen Hof oder groß für die ganze Branche in einem Land; auf ein Produkt bezogen oder auf die gesamte Wirtschaftstätigkeit; es kann mehr um die Warenzirkulation gehen oder mehr um die Kreditvergabe. In jedem Fall meint Assoziieren, sich verbindlich in die Assoziations-Gemeinschaft einzubringen, ohne die Eigenständigkeit aufzugeben.

Beispiel Assoziation: CSA – Community/Consumer Supported Agriculture oder Solidarische Landwirtschaft

Ein Kreis von Menschen und Familien schließt sich mit einem Hof zusammen und sie bildet eine Solidargemeinschaft. Der Hof produziert nach erfolgter Planung für den Bedarf des Kreises – in der Regel Gemüse – und der Kreis bestreitet im Voraus und unabhängig von dem tatsächlichen Ertrag die Ausgaben (Löhne, Saatgut, Verteilkosten usw.), die mit dieser Produktion einhergehen. Es ist eine lokale Assoziation, wo Bedarf und Produktion aufeinander abgestimmt sind und wo der Preis nicht über die Ware, sondern über einen Anteil am Ertrag bzw. an den Kosten abläuft. Das Risiko eines Ertragsausfalles, aber auch die Chance eines sehr guten Ertrages sind gemeinschaftlich geteilt. Nicht feste Preise bestimmen die Zusammenarbeit von Produzierenden und Konsumierenden, sondern alle an der Produktion Beteiligten werden nach ihren Bedürfnissen gefragt.

Das Jahresbudget eines Hofes kann von einer Konsumentengemeinschaft nicht nur regional, sondern auch global übernommen werden. Im Gegenzug werden die Produkte des Hofes an diese Menschen verteilt. Ein Beispiel ist das Teikei-Projekt rund um den Kaffee. Diese Bewegung der direkten Zusammenarbeit von Produzierenden und Konsumierenden gibt es auch in Japan, Thailand und Korea.

Beispiel Assoziation:
Regionale Vernetzung und Koordination

Demeter moderiert für immer mehr Produktkategorien «Runde Tische»: Da sitzen z. B. Vertreterinnen von Migros und Coop (die beiden größten Detailhandelsunternehmen der Schweiz), lokale Verarbeitungspartner und eine Repräsentanz von eigenständigen Bauern und Bäuerinnen am selben Tisch. Die angestrebte Kostentransparenz ermöglicht jedem Marktpartner, aus dem erst gemeinsam entstehenden Bild ein eigenständiges Wirtschaften zu gestalten. Dank der «Runden Tische» begegnen sich die verschiedenen Akteure entlang der Wertschöpfungskette auf Augenhöhe. Dagegen lässt sich am Beispiel des Marktes für konventionelle Industriemilch beobachten, wie der sogenannt freie Markt, für die Produzierenden zum Desaster werden kann.

Markt mit Bio-Produkten (Dottenfelder Hof) Foto: Johannes Onneken

Bauern zwischen Kosmos, Markt und Supermarkt
Vertrieb und Verkauf von Bio

Lange gab es keine Marktstrukturen für Bio- und Demeter-Produkte, sie sind erst in den letzten 40 Jahren aufgebaut worden. Pioniere, die auf einem Hof mit Demeter-Anbau angefangen haben, sind in der Vermarktung gelandet. Aus dem Marktstand wurde ein Bio-Laden, aus diesem ein Großhändler und dieser wiederum wurde zum Importeur. Somit war der sich entwickelnde Bio-Fachhandel ein integraler Bestandteil der Bio-Bewegung. Nicht selten kamen diese unternehmerischen Menschen aus der Demeter-Szene. Sie fanden bei Rudolf Steiner inspirierende Anregungen für das Wirtschaftsleben. Zwei Jahre vor dem Landwirtschaftlichen Kurs hielt Rudolf Steiner einen nationalökonomischen Kurs. Er war auch selbst unternehmerisch tätig, was zum Beispiel zur Gründung der Firma Weleda geführt hatte.

In einer zweiten Phase entstanden Ladenketten, indem Großhändler ein eigenes Filialnetz aufbauten. 1984 wurde «Alnatura» gegründet. Unter diesem Namen kommen Demeter und weitere Bio-Produkte in den Handel. 1987 wurde der erste Alnatura Super Natur Markt eröffnet, inzwischen gibt es über 100 solcher Bio-Supermärkte. Als vorläufig letzter Schritt folgte die Einführung von Demeter-Sortimenten bei konventionellen Supermarktketten.

Demeter im Supermarkt. Foto: Myriam Grubenmann

Bio verkauft sich
Bei Coop und Migros

Der in der Schweiz 1937 gegründete Verein für biologisch-dynamische Landwirtschaft beteiligte sich 1981 an der Gründung von Bio Suisse. Bio Suisse ist der Dachverband der Schweizer Bio-Produzenten und die führende Bio-Organisation der Schweiz. Für ihre Marke Knospe produzieren bereits über 7'100 Schweizer Bäuerinnen und Bauern, Gärtnerinnen und Gärtner sowie über 1'100 Verarbeitungsbetriebe. Unter einem der weltweit strengsten Bio-Labels sind alle Lebensmittel der Knospe nachhaltig produziert und schonend verarbeitet. Diese Bio-Bauern bewirtschaften über

172 000 Hektar Land, was einem Anteil von 16,5 Prozent an der gesamten landwirtschaftlichen Nutzfläche in der Schweiz entspricht (Stand 2021). Bio Suisse verzeichnete 2014 einen Umsatz von 2,2 Milliarden Franken, 2020 lag er bei 3,8 Milliarden, 2021 bei über 4 Milliarden. Bio-Produkte haben in der Schweiz einen Marktanteil von fast 11 Prozent.

Coop und Migros sind in der Schweiz die zwei größten Abnehmer von Landwirtschaftsprodukten. Seit 1993 bringt «Coop Naturaplan» Lebensmittel aus dem Bio-Landbau in seine Supermärkte. Bio ist in Coop Supermärkten allgegenwärtig, inzwischen hat Coop 4'800 Bio-Produkte im Sortiment und erwirtschaftete damit 2021 einen Umsatz von 2,1 Milliarden Franken.

Im Migros Sortiment finden sich insgesamt 3'200 Bio-Lebensmittel. Mit Bio-Produkten erzielt die Migros bei den Lebensmitteln 12 Prozent ihres Umsatzes.

Demeter-Produkte sind seit Herbst 2016 sowohl bei Migros wie bei Coop mit wachsenden Sortimenten in den Regalen zu finden.

Biologisch, organisch-biologisch oder biologisch-dynamisch oder ökologisch?
Verschiedene Namen und Ansätze für ein Ziel

In Deutschland hat sich für Bio die Bezeichnung «ökologischer Landbau» durchgesetzt, in der Schweiz und in Österreich nennt man dasselbe «biologischer Landbau». Hingegen ist die Bezeichnung «biologisch-dynamischer (biodynamischer) Landbau» einheitlich für die Demeter-entsprechende Wirtschaftsweise überall auf der Welt.

In den 1940er-Jahren ist in der Schweiz die organisch-biologische Bewegung entstanden, und zwar in deutlicher Abgrenzung zur biologisch-dynamischen Landwirtschaft und der Anthroposophie. Inzwischen lässt sich durchaus zusammenarbeiten, konkret bei der Begründung des Forschungsinstituts FiBL (1973) und des Dachverbands Bio Suisse (1981).

In Deutschland bestand bis Anfang der 1970er-Jahre der Ökologische Landbau verbandsmäßig ausschließlich aus Demeter-Landwirten. Erst nach und nach wurden auch weitere Organisationen gegründet: Bioland (1971) und Naturland (1982). Ende der 1980er-Jahre schlossen sich ökologische landwirtschaftliche Verbände und der Forschungsring für Biologisch-Dynamische Wirtschaftsweise in der «Arbeitsgemeinschaft Ökologischer Landbau» (AGÖL) zusammen, um gemeinsam in diesem Dachverband ihre Anliegen – insbesondere die Qualitätsgarantie für ihre Produkte – gegenüber Staat und EU wirksam zu vertreten. Seit 2002 ist dies der «Bund Ökologische Lebensmittelwirtschaft» (BÖLW) als Nachfolgeorganisation von AGÖL.

Biodynamische Forschung im Getreidefeld. Hartmut Spieß. Foto: Charlotte Fischer

Biodynamische Bewegung und die Entwicklung des Biolandbaus
Zur organisch-biologischen Bewegung in der Schweiz

Der biodynamische Landbau hat sich einerseits als ein Glied der anthroposophischen Bewegung und andererseits als ein Teil der Biobewegung entwickelt. Die Biobewegung hat verschiedene Wurzeln, eine davon ist der biodynamische Impuls. Es gab in diesem Sinne noch keine alternativen Landbaumethoden und entsprechenden Bewegungen. Das Buch «Mein landwirtschaftliches Testament» von Sir Albert Howard (1873–1947) wurde 1940 veröffentlicht. Lady Eve Balfour (1898–1990) hat ihre Arbeit in den 1930er-Jahren aufgenommen. «Nature et Progrès» wurde 1964 gegründet. Rudolf Steiner und seine Mitarbeiter waren unübersehbar bei den Ersten, die neue Wege für die Landwirtschaft erschlossen haben.

In der Schweiz ist seit den 1940er-Jahren die organisch-biologische Bewegung entstanden, in klarer Abgrenzung zur biologisch-dynamischen. Hans und Maria Müller (1891–1988 und 1894–1969), die diese Bewegung leiteten, kannten den biodynamischen Ansatz sehr wohl, konnten aber mit dem dynamischen Teil oder mit der Anthroposophie nichts anfangen.

Konsequenterweise haben sie ganz auf die Biologie gebaut und diesem Ansatz durch den Wissenschaftler Hans Peter Rusch (1906–1977) mit seinem Buch über den «Kreislauf der lebendigen Substanz» (1980) eine erkenntnismäßige Grundlage gegeben. Auch die Ehrfurcht vor dem Leben war für diese Kreise als innere Haltung eine wichtige Motivation und ein Grund, auf Chemie zu verzichten.

Nach spannungsreicheren Phasen zwischen den beiden Gruppierungen kam es in der Schweiz zu konkreter Zusammenarbeit bei der Begründung des FiBL (1973) und der Bio Suisse (1981). So haben die Erkenntnisse von Rudolf Steiner und die Repräsentanten des biodynamischen Impulses und des Demeter-Labels ihren Beitrag zur Entwicklung der heutigen Biobewegung geleistet. Nach wie vor werden relevante Fragen pionierhaft in der biodynamischen Bewegung aufgegriffen, um dann in der ganzen Biowelt wichtig zu werden, z. B. zur Pflanzen- und Tierzucht, zur landwirtschaftlichen Ausbildung oder zu sozioökonomischen Fragen.

Seit den 1970er-Jahren gibt es die grüne Bewegung der sogenannten Permakultur, die ursprünglich aus Australien kommt. Sie wird in der Schweiz seit 2020 vom Bundesamt für Landwirtschaft mit Direktzahlungen gefördert.

Die Permakultur-Bewegung (permanent agriculture) ist ein verbindliches Bekenntnis zu einer Lebenshaltung aus Sorge für die Erde, den Menschen, die Zukunft. Mit dieser allgemeinen Einstellung und Wertschätzung lassen sich individuell die Handlungen auf dem Feld und im Garten inspirieren, überprüfen und verbessern. Aus dieser im Kern grünen sozialen Bewegung erwachsen die Konsequenzen für den Umgang mit dem Wesen Erde und allen ihren Naturwesen. Anschauliche Eindrücke aus der Permakultur gibt es im Film «Demain» oder «Tomorrow – Die Welt ist voller Lösungen» (2015) von Cyril Dion und Mélanie Laurent zu sehen.

Sir Albert Howard – Kompostpionier in Indien und im British Empire

Der biodynamische Impuls verbreitete sich in Indien an den Orten und auf den Forschungs- und Praxisfeldern, insbesondere der Kompostierung, die durch das Wirken von Albert Howard vorbereitet worden sind. Er war von 1924–1931 Direktor des «Institute of Plant Industry», Indore (Indien), und landwirtschaftlicher Berater in Mittel-Indien.

Einer der anthroposophischen Bio-Pioniere, Ehrenfried Pfeiffer, hatte Sir Albert Howard und seine Methode auf einer wissenschaftlichen Konferenz in Großbritannien kennengelernt. Er sah in ihm den Begründer der organischen Schule der Agrarwissenschaft und Praxis im Gegensatz zur Schule der Agrikulturchemie von Justus von Liebig (1803–1873). Pfeiffer verstand die organische Bewegung von Albert Howard und die biodynamische Bewegung von Rudolf Steiner als Geschwisterbewegungen.

Auch Howard konnte in den 1930er-Jahren die biodynamische Landwirtschaftsmethode in ihren Anfängen in Holland und Großbritannien kennenlernen. «Ich bin aber immer noch skeptisch, dass die Anhänger von Rudolf Steiner eine wahre Erklärung nach Naturgesetzen geben können oder dass sie mit irgendwelchen praktischen Beispielen ihre Theorie beweisen können.» (Auf der ersten Seite des Vorworts von «My Agricultural Testament», 1940). Mit dem Ausbruch des Zweiten Weltkriegs stagnierte diese anfängliche Verbindung zwischen biodynamischer und organischer Bewegung.

Howards grundlegende wissenschaftliche Arbeit von 1931 «The Waste Products of Agriculture» war der Sorge um die Zerstörung des Kapitals dieser Erde, ihrem Boden und Humus, gewidmet. Dagegen entwickelte Albert Howard seine nachhaltige Kompost-Methode, die Indore-Methode. Auf dem europäischen Kontinent sind Howards großartige Leistungen in Zusammenarbeit mit den beiden Ehefrauen Gabrielle und Louise Howard für die organische Landwirtschaft höchstens noch einigen Spezialisten bekannt. Auch die biodynamische Landwirtschaft musste ihn als Pionier erst wiederentdecken. In Indien sind diese Wurzeln des Biolandbaus hingegen nie vergessen worden.

Hof Marienhöhe vor der Übernahme

Hof Marienhöhe und Demeter
Biodynamischer Musterbetrieb seit 1928

Georg Michaelis wandelte sich vom anthroposophie-skeptischen Juristen, preußischen Beamten und kurzfristigen Reichskanzler in der Weimarer Republik zum Mitbegründer von «Demeter».

Sein Schwiegersohn Martin Schmidt hatte als Landwirt am Landwirtschaftlichen Kurs in Koberwitz teilgenommen. Michaelis vermittelte den Anthroposophen den 100 Hektar großen Hof Marienhöhe östlich von Berlin, der bald ein Musterbetrieb wurde und in den 1930er-Jahren das Zentrum der Organisationen für biodynamische Landwirtschaft und Demeter-Qualität. Mit seinen Erfahrungen als Beamter im Finanzministerium, in der Reichsgetreidestelle und der Volksernährung half er mit und unterstützte mit Rat und Tat die Gründung der «Verwertungsgenossenschaft Demeter eGmbH» (1927) und später des «Demeter-Wirtschaftsbundes GmbH».

Hof Marienhöhe heute

Als die biodynamische Arbeit 1933 von einem Verbot der Nazis bedroht war, setzte sich Michaelis, der bereits Mitglied der NSDAP war, in den Verhandlungen mit Rudolf Hess, Hitlers Stellvertreter in der Parteileitung, und Walter Darré, dem Leiter der deutschen Agrarpolitik, für die Demeter-Bewegung ein. Darré setzte sich für den ökologischen und biodynamischen Landbau ein und lehnte ebenso Mineraldünger und Pestizide ab. Die NS-Bauernschaft im bayrischen Kreis Ansbach, die zur Mineraldüngung hielt, hetzte gegen die Biodynamik mit Behauptungen wie die biodynamische Anbauweise mit ihrer Düngung sei eine Ausgeburt der international eingestellten Weltanschauung der Anthroposophie und ihres angeblich jüdischen Begründers.

Die biodynamische Landwirtschaft zur Zeit des Nationalsozialismus in Deutschland

Im November 1935 wurde die Anthroposophische Gesellschaft in Deutschland verboten, die paar Tausend Mitglieder der Gesellschaft wurden registriert und überwacht. Es gab Verhaftungen und Verhöre. Die anthroposophische Bewegung gehörte insgesamt für die Führung der NSDAP, der SS und des Staates zu den entschiedenen Feinden des Regimes und seiner Ideologie. Die meisten anthroposophischen Einrichtungen (Waldorfschulen, Kinderheime, Arztpraxen und landwirtschaftliche Betriebe) konnten nach der nationalsozialistischen Machtergreifung noch für Jahre weiterarbeiten, sofern sie sich nicht politisch oppositionell betätigten oder öffentlich für die Anthroposophie eintraten. Die Einrichtungen profitierten zuerst noch von der Toleranz einiger hochrangiger Nationalsozialisten. Einzelne Anthroposophen mit Spezialkenntnissen im biodynamischen Landbau wurden in Betrieben der SS in den Dienst genommen.

Endgültig verboten wurden der Reichsverband für Biologisch-Dynamische Wirtschaftsweise im Zuge der Aktion gegen Geheimlehren und sogenannte Geheimwissenschaften im Juni 1941, zudem wurde anthroposophische Literatur beschlagnahmt und einzelne Mitglieder des Reichsverbands zeitweise inhaftiert. Heinrich Himmler, der wie der Leiter der deutschen Agrarpolitik Walter Darré die chemisch-technische Intensivierung der Landwirtschaft skeptisch beurteilte, ordnete im Juni 1941 an, Düngeversuche auch mit einer biologisch-dynamischen Variante durchzuführen. Die Versuche wurden auf landwirtschaftlichen Gütern der «Deutschen Versuchsanstalt für Ernährung und Verpflegung» durchgeführt, die der SS zugeordnet und 1939 gegründet worden war. Angedacht war es, biodynamische Methoden zu übernehmen, wenn sie dem Autarkiestreben des Regimes dienen könnten. Man wollte dabei erklärtermaßen die praktischen Maßnahmen von dem spirituellen Welt- und Menschenbild der Anthroposophie trennen.

In Vorbereitung ist die Veröffentlichung einer wissenschaftlichen Studie mit dem Arbeitstitel «Biodynamisch in der NS-Zeit» (siehe Literaturverzeichnis).

Spritzen von Kunstdünger. Foto: Marritch Adobe Stock.

Kunstdünger oder die Kunst des Düngens
EWG-Kommissar für Landwirtschaft überdenkt seine Politik

Bereits nach dem Ende des Ersten Weltkriegs begannen Bauern, Kunstdünger auf ihren Äckern auszubringen. Zu einer großen Umwälzung kam es erst in den 1960er-Jahren. Zu dieser Zeit führte die (Subventions-) Politik des damaligen EWG-Kommissars für Landwirtschaft, Sicco Mansholt (1908–1995), zur Industrialisierung der europäischen Landwirtschaft. Kleine Familienbauernhöfe wurden durch rationalisierte, industriell geführte landwirtschaftliche Großbetriebe ersetzt, die sich auf Viehwirtschaft, Acker- oder Gartenbau spezialisierten. Innerhalb von zehn Jahren zerfielen fast alle Betriebe mit gemischter Landwirtschaft. Es war eine drastische Veränderung, die sich nicht nur in den europäischen Ländern vollzog. An vielen Orten der Erde, insbesondere auch in Asien, brachte der Einsatz von Technik und Chemie in der Landwirtschaft Wohlstand. Der Anbau neuer Sorten führte in Verbindung mit Kunstdünger und synthetischen

Pflanzenschutzmitteln zu fast dreimal höheren Erträgen als zuvor.

Die Schattenseiten dieser landwirtschaftlichen Erneuerung zeigten sich allerdings schon bald. Für Mansholt wurde klar, nachdem 1971 der Bericht des Club of Rome «Die Grenzen des Wachstums» erschienen war, dass die von ihm vorangetriebene Politik katastrophale Folgen für die Umwelt haben würde. Er änderte seine Sicht radikal. An seinem Lebensende war er zu einem glühenden Verfechter der ökologischen Landwirtschaft geworden.

Ein halbes Jahrhundert später hat nun Mansholt Recht bekommen. Inzwischen ist es nicht nur in der Politik, sondern auch in allen Gesellschaftsschichten angekommen: Eine Landwirtschaftspolitik, die sich unter Einsatz von viel Chemie hauptsächlich auf die Erhöhung der Produktivität und die Wahrung der Ernährungssicherheit ausrichtet, führt zu immensem Schaden. Die Treibhausgase in der Atmosphäre werden zu 50 % der intensiven Viehhaltung geschuldet; die schwindende Biodiversität in der Tier- und Pflanzenwelt u. a. durch den Einsatz von Pestiziden; die Gewässerverschmutzung und Wüstenbildung durch die Landwirtschaft. Wenige Großkonzerne produzieren genmanipuliertes und hybrides Saatgut, Kunstdünger und Pestizide und bestimmen weltweit, was und unter welchen Bedingungen in die Läden und auf unsere Teller kommt. Die Bauern werden auf diese Weise in die Zange genommen zwischen den Zulieferern von Pestiziden und Saatgut einerseits und dem niedrige Preise fordernden Lebensmitteleinzelhandel sowie multinationalen Nahrungsmittelkonzernen andererseits. Die konventionelle Landwirtschaft befindet sich in einer Krise und steht unter Dauerbeschuss von allen Seiten.

Weckrufe aus der Wissenschaft – Rachel Carson, USA

Eine Wissenschaftlerin in den USA und ein Wissenschaftler in der Schweiz schauen nicht mehr weg und brechen in den 1960er-Jahren das Schweigen. Sie stören die öffentliche Meinung auf und bewegen die Politik.

Nach dem Zweiten Weltkrieg wuchs die Sorge um schädliche Einflüsse auf die Umwelt durch giftige Stoffe. Biologinnen und Naturschützer waren von der Tatsache alarmiert, dass das zunächst als unbedenklich geltende Schädlingsbekämpfungsmittel DDT negative Auswirkungen auf die Bestände unter anderem von Fischen und Vögeln hatte. Mit dem 1962 erschienenen Buch «Silent Spring» (Stummer Frühling) der amerikanischen Schriftstellerin und Biologin Rachel Carson wurden auch der breiten Öffentlichkeit die möglichen negativen Folgen des ungebremsten Pestizid-Einsatzes auf die Umwelt bewusst. Es war ein Paukenschlag, der schließlich zum Verbot des Pestizids DDT führte und der den Beginn der Umweltbewegung markiert.

Paul Müller, ein Chemiker und Forscher, der ein Leben lang beim Pharmakonzern Geigy in Basel arbeitete, erhielt 1948 «für die Entdeckung der starken Wirkung von DDT als Kontaktgift gegen mehrere Arthropoden (Gliederfüßer)» den Nobelpreis für Medizin. Quasi zu seiner Pensionierung bei Geigy kam Rachel Carsons Buch heraus.

Ab 16. Juni 1962 erschienen einige Kapitel als Vorabdruck ihres Buches im Wochenmagazin «The New Yorker». Schon diese dreiteilige Artikel-Serie sorgte für Aufsehen, machte Behörden und die Pharmakonzerne wütend. Sie wurde als Kommunistin beschimpft und der Sabotage an der Lebensmittelindustrie bezichtigt.

Rachel Carson war eine freie Wissenschaftlerin, Autorin und Umweltaktivistin in den USA, die während der Entstehung von «Silent Spring» mit der Anthroposophin, Waldorflehrerin, Eurythmistin und biodynamischen Gärtnerin Marjorie Spock korrespondierte. Rachel Carson und Marjorie Spock wurden mit «unserem gegenwärtigen Kreuzzug» (Carson) gute Freundinnen.

Im Sommer 1957 hatten Staat und Bundesregierung der USA mit einer massive DDT-Besprühung aus der Luft begonnen. Das Gift war gemischt mit Heizöl und wurde vierzehn Mal am Tag eingesetzt. Die Maßnahme betraf über drei Millionen Hektar des Nordostens der USA, einschließlich Marjorie Spocks und Mary Richards biodynamisch bewirtschaftetes Land auf Long Island. Ziel war die Ausrottung des Insekts Zigeunermotte/Schwammspinner/Gypsy moth (Lymantria dispar).

Unter den Einwohnern von Long Island, die gegen die Regierung prozessierten, waren die zwei Initiantinnen, Marjorie Spock und ihre vermögende Freundin Mary Richards, umweltaktive, biodynamische Gärtnerinnen und Anthroposophinnen. Ihr ein Hektar grosser Gemüsegarten und der Boden ihres gesamten Landes waren durch die Besprühungen aus der Luft ruiniert; Fauna und Flora waren vergiftet.

Während des sich drei Jahre hinziehenden Gerichtsprozesses von 1957–1960 schrieb Marjorie Spock täglich Berichte über die Prozesstage und schickte sie mit einem primitiven Thermo-Faxgerät an interessierte und einflussreiche Freunde, darunter auch an Rachel Carson, die darum gebeten hatte. Der weltberühmte Ornithologe Robert Cushman Murphy, ein Nachbar der beiden biodynamisch anbauenden Frauen, unterstützte sie im Prozess, auch finanziell. Die Sache eines gerichtlich verfügten Stops der Besprühung aus der Luft durch das Landwirtschaftsministerium scheiterte schließlich, auch in der Berufung.

Agrarflieger zur Schädlingsbekämpfung Foto: Bundesarchiv, Bild 183-48195-0006

Der Fall von Long Island kommt in «Silent Spring», im Kapitel «Gifte regnen vom Himmel» zur Sprache:

«Die Beschwerde, die von den Bürgern auf Long Island einge-
bracht worden war, erfüllte zumindest einen Zweck: Sie machte
die Öffentlichkeit darauf aufmerksam, dass man zunehmend be-
strebt ist, Insektizide in Massen anzuwenden, und dass die Stellen, die sich mit der Bekämpfung befassen, die Macht haben und
auch geneigt sind, angeblich unverletzliche Eigentumsrechte von
Privatleuten zu missachten. Für viele Leute war es eine unange-
nehme Überraschung, als im Laufe der Sprühmaßnahmen gegen
den Schwammspinner auch die Milch und landwirtschaftliche
Erzeugnisse verunreinigt wurden.»

Noch vor Erscheinen des Buchs gab es Besprechungen in über
fünfzig Leitartikeln und zwanzig Kolumnen. Fast den ganzen
Herbst über bis Weihnachten 1962 war Rachel Carson mit über
100'000 verkauften Büchern Nummer 1 auf der Bestseller-Liste
der New York Times. Bis zum Frühling 1963 wurden gar eine halbe
Million Exemplare verkauft. Eigentlich schwer vorstellbar, wer
damals dazu kam, das gekaufte, 400 Seiten dicke Buch zu lesen.
Vielleicht stand die Welt schlicht still. Denn noch weit fürchter-
licher als der Krieg gegen DDT war die weltweite Angst vor einem
atomaren Krieg zwischen den USA und der damaligen UDSSR.
Ab 27.9.1962 lag «Silent Spring» in den Buchhandlungen. In den
13 Oktober-Tagen der Kubakrise stand die Welt Ende Oktober 1962
vor dem Abgrund eines Atomkriegs. Für ein anderes Thema war
kein Platz mehr.

Rachel Carson war eine in den USA bekannte Schriftstellerin
und hatte schon mehrere Bestseller mit meereskundlichen Themen veröffentlicht. «Silent Spring» wurde ihr größter und auch
ihr letzter Bestseller, bald nach Veröffentlichung erlag sie 57-jäh-
rig ihrem langjährigen Kampf gegen den Krebs. Marjorie Spock
konnte noch lange den anhaltenden Nachhall von Rachel Carsons

Weckrufen, das langsam zunehmende Bewusstsein in der Bevölkerung für einen biologischen Anbau und die Änderungen im Ernährungsverhalten erleben, sie starb 2008, hochbetagt mit 103 Jahren und 4 Monaten, in Maine.

Die Zerstörung und Vergiftung der Mitwelt gehen wider besseres Wissen weiter. Der in Basel ansässige Konzern Syngenta ist weltweit der größte Hersteller dieser sogenannten «Pflanzenschutzmittel». Brasilien ist einer der grössten Agrarproduzenten der Welt und der größte Abnehmer und wichtigste Markt dafür. Im Jahre 2021 wurden in Brasilien 500 Agrargifte neu zugelassen. Über eine halbe Million Tonnen davon werden jedes Jahr verspritzt und aus der Luft versprüht. Gleichzeitig geht der Amazonas-Regenwald großflächig in Rauch auf.

Verbundenheit und Verwandtschaft des Menschen mit der Erde

Aus einem Vortrag von Rachel Carson vor 1'000 Frauen am 21.4.1954 in Columbus, Ohio

Aus dem, was ich Ihnen schon erzählt habe, können Sie entnehmen, dass ein grosser Teil meines Lebens den Schönheiten und Geheimnissen dieser Erde gewidmet war, sowie den noch grösseren Geheimnissen des Lebens, das ihr innewohnt. Niemand kann bei solchen Dingen lange verweilen, ohne tiefe Gedanken zu denken, ohne sich selbst forschend und oft unbeantwortbare Fragen zu stellen und zu einer gewissen Philosophie zu kommen. [...] Die Freuden, die Schätze der Begegnung mit der natürlichen Welt bleiben nicht allein den Wissenschaftlern vorbehalten. Sie sind für alle da, die sich der Wirkung eines einsamen Berggipfels – oder des Meeres – oder der Stille des Waldes hingeben; oder für den, der verweilen kann, um über ein so kleines Ding wie das Geheimnis eines wachsenden Samenkorns nachzudenken.

Es macht mir nichts aus, als sentimental betrachtet zu werden, wenn ich heute Abend hier stehe und Ihnen sage, dass ich glaube, dass natürliche Schönheit einen notwendigen Platz in der spirituellen Entwicklung eines jeden Menschen und jeder Gesellschaft hat. Ich glaube, dass jedes Mal, wenn wir Schönheit zerstören oder wenn wir eine Naturgegebenheit der Erde durch etwas von Menschen Gemachtes und Künstliches ersetzen, wir einen Teil der spirituellen Entwicklung des Menschen hemmen.

Ich glaube, dass diese Affinität des menschlichen Geistes zur Erde und zu ihren Schönheiten eine tiefe und logische Wurzel hat. Als menschliche Wesen sind wir Teil des ganzen Lebensstroms. [...] Unser Ursprung ist hier auf der Erde. Und deshalb gibt es in uns eine tief verankerte Resonanz auf das natürliche Universum, die einen Teil unserer Menschlichkeit ausmacht. [...]

Doch ich glaube, je klarer wir unsere Aufmerksamkeit auf die Wunder und Realitäten des Universums um uns richten können, desto weniger Geschmack werden wir an der Vernichtung finden.

Rachel Carson: The Real World Around Us, in: Linda Lear (Hg.): Lost Woods: The Discovered Writing of Rachel Carson, Boston 1999.

Weckrufe aus der Wissenschaft – Philippe Matile, Schweiz

Am 22. Oktober 1966 erschien in der Schweizer Abendzeitung «Die Tat» der Artikel «Attackierte Lebensbasis: Grenzen der Kunstdüngerwirtschaft» von Prof. Dr. Philippe Matile, Professor für Pflanzenphysiologie ETH.

In sachlichem Ton stellte sich der Autor dem lauten «Werbegesang der chemischen Düngemittelindustrie» nach Justus Liebig entgegen:

«Die Mutter Erde wurde zum völlig unbeteiligten Träger der löslichen Mineralsalze, zum Träger des Wassers, zum festen Halt für die Wurzeln. Eine gewaltige Steigerung der Erträge schien zunächst die Revolution der Düngung voll und ganz zu rechtfertigen. Der Gedanke, dass man dem Boden jene Mineralsalze zuführen müsse, welche mit der Ernte weggeführt werden, hatte – und hat immer noch – etwas zwingend Einleuchtendes. Die übliche Düngeberatung auf Grund der Analyse von säurelöslichen Bodensalzen dokumentiert, dass die Landwirtschaft bis auf den heutigen Tag im Wesentlichen am Bild der toten Erde festgehalten hat. [...]

Seit der Entdeckung der rein mineralischen Ernährung der Pflanzen, die zum Bild der toten Erde geführt hat, hat die zweckfreie Forschung den Nachweis erbracht, dass der Boden etwas ungemein Lebendiges ist. [...] Eine Wissenschaft, die sich an die Tatsache der lebendigen Erde hält, muss zur Anschauung einer grossen Lebensgemeinschaft von Pflanzenkleid und Erdorganismus gelangen [...]

Eine Landwirtschaft, welche mit der lebendigen Erde arbeitet, weiss daher um die eminente Bedeutung der organischen Düngemittel Mist, Kompost, Klärschlamm u. a. [...] Viel zu wenig

Beachtung haben bisher Versuchsbetriebe gefunden, welche zum Teil seit Jahrzehnten vergleichende Bewirtschaftung mit organischen und anorganischen Düngemitteln betreiben. Die wissenschaftlich fundierten Resultate der New Belis Farm in Suffolk, England, haben beispielsweise den wahrhaft eindrücklichen Beweis erbracht, dass die richtig ernährte Erde eine intensive, moderne Bewirtschaftung über 25 Jahre ohne die Zufuhr von mineralischen Düngemitteln übersteht ohne die geringste Einbusse an Fruchtbarkeit und bei bestem landwirtschaftlichem Erfolg in jeder Beziehung. Offenbar verarmt die Erde nicht, wenn der Bauer das unsichtbare Leben in seinem Boden durch kunstvoll richtige organische Düngung in optimaler Aktivität erhält.»

Der Artikel wurde von mehreren Zeitungen nachgedruckt. Verärgerte Kollegen der ETH bedrängten den Autor, als ETH-Professor habe er sich in der Öffentlichkeit zurückhaltender zu äußern. Das gab Gegenwind und Bewegung in der Politik. Im Oktober 1971 hielt Matile in Bern einen Vortrag unter dem Titel «Umweltschutz und Landwirtschaft». Am 1. Februar 1973 gründete er mit sechs weiteren Persönlichkeiten die «Schweizerische Stiftung zur Förderung des biologischen Landbaus», die Trägerin des FiBL.

Während seiner Postdoktorandenzeit an der Eidgenössischen Technischen Hochschule (ETH) hatte Philippe Matile mit seiner Familie auf dem biologisch-dynamisch geführten Hof Breitlen von Emil und Alice Meier in Hombrechtikon bei Zürich gewohnt. Als Pflanzenphysiologe war er erstaunt, dass dieser Betrieb ohne zusätzliche Düngung mit Mineralstoffen so gut funktionierte. In seinem Artikel «Grenzen der Kunstdüngerwirtschaft» verarbeitet er seine Beobachtungen.

Ehrenfried Pfeiffer und Guenther Wachsmuth

Pionier in den USA
Ehrenfried Pfeiffer, Wissenschaftler und Erfinder

Ehrenfried Pfeiffer (1899–1961) war der junge Wissenschaftler, der bei der Entwicklung des ersten Präparats, des Hornmist-Präparats, dabei war. Viel beachtet wurde sein Buch «Die Fruchtbarkeit der Erde. Ihre Erhaltung und Erneuerung. Das biologisch-dynamische Prinzip in der Natur» (Basel 1938), das noch im selben Jahr ins Englische, Französische, Holländische und Italienische übersetzt wurde.

Mit seinem Buch erfuhr die interessierte Öffentlichkeit zum ersten Mal ausführlich schriftlich von den Inhalten der biodynamischen Landwirtschaft. Der Kurs von Rudolf Steiner wurde bis in die 1960er-Jahre immer noch nur in nummerierten Exemplaren an ausgewählte Fachpersonen abgegeben. Die Namen Steiner und Anthroposophie kommen in Pfeiffers Buch kaum vor. Für die biodynamische Landwirtschaft und die Öffentlichkeit war es über Jahrzehnte ihre bestens lesbare, kompetente und wirkungsreiche Darstellung. Aufgrund dieser Publikation wurde Pfeiffer im Sommer 1939 zu einem Kongress über biologischen Landbau nach England eingeladen. Pfeiffer gab den englischen Landwirten während neun Tagen einen Kurs in biodynamischem Anbau. Zu den Veranstaltern gehörte auch Lord Northbourne, der mit seinem Buch «Look to the Land» (London 1940) den Begriff «organic farming» einführte. Aufgrund der Kriegsverhältnisse stagnierte der lebendige und unverkrampfte Austausch zwischen organischem, ökologischem und biodynamischem Landbau während der folgenden Jahre.

Nur aus Erfahrung sprechen

«Im Physischen wie im Spirituellen sollte nur aus Erfahrung gesprochen werden. In unserer engeren Interessengemeinschaft, die sich ja nun bilden soll, müssen wir vor allem auf praktisches Experimentieren sehen und alles theoretische Spekulieren ausmerzen. Unsere Leute haben einfach zu wenig Laborerfahrung und können Ideen nicht in Versuchsanordnungen umsetzen.»

(E. Pfeiffer in einem Brief vom 13.11.1958 an Alla Selawry, Selawry S. 124)

Nach seiner Emigration wurde Pfeiffer zur maßgeblichen Persönlichkeit für die Entwicklung der biodynamischen Bewegung in den USA. Zu einer Zeit, als in unserer Zivilisation noch kein Abfall-Bewusstsein entwickelt war, weder in Europa noch in den USA, beschäftigte sich Pfeiffer mit industrieller Kompostierung, entwickelte ein Verfahren zur Kompostierung von Großstadtabfällen und erfand einen Kompoststarter. Für seine Diagnosemethode der «Empfindlichen Kristallisation» in der Krebsforschung erhielt er 1939 vom Hahnemann Hospital und Medical College in Philadelphia in den USA den Ehrendoktor der Medizin. 1957 wurde er von der Farleigh-Dickinson Universität in

Rutherford, New Jersey, zum Professor berufen. Es war der erste Lehrstuhl für «Integrated Organic Science».

Pfeiffer hatte während Jahrzehnten als Forscher, Berater und Betriebsleiter an der Entwicklung und Verbreitung der biodynamischen Bewegung maßgeblich mitgewirkt. Als ausgebildeter Chemiker hatte er sich in einem sehr breiten Feld mit angewandten chemisch-biologischen Fragen der Landwirtschaft, Ernährung und Medizin befasst. Seine Interessen für Bodenerosion und Bodenerhaltung, Landschaftspflege und ihre Wechselbeziehungen mit der Landwirtschaft, Qualität der Nahrungsmittel und den Einfluss von ihrer Erzeugung und Verarbeitung waren dabei auf praktisch Verwirklichbares und Brauchbares ausgerichtet. Er wirkte bis kurz vor seinem Tod als weltweit gefragter Berater und unterhielt ein Laboratorium für landwirtschaftliche und medizinische Untersuchungen in Threefold Farm in Spring Valley/New York State. Er starb 1961.

Entdeckungen an den Radieschen
Maria Thuns Aussaatkalender

Der Kalender «Aussaattage» von Maria Thun kommt seit 1963 heraus, inzwischen in 21 Sprachen. Dieses Kalender-Heft ist weit über die biodynamischen Kreise hinaus äußerst populär. Aus den jeweiligen Sternenkonstellationen und Mondphasen werden Hobbygärtnern, Gärtnerinnen, Bauern, Weinbäuerinnen und Imkern Empfehlungen und

Regeln gegeben für Pflanz-, Hack- und Erntezeiten sowie Hinweise auf günstige und ungünstige Arbeitstage für Gartenarbeiten.

Individualität und Allgemeinheiten

Rudolf Steiner, Koberwitz, 11. Juni 1924

Ein Gut ist ja immer in dem Sinne eine Individualität, dass es wirklich niemals das gleiche ist wie ein anderes Gut. Klima, Bodenverhältnisse geben die allerunterste Grundlage zur Individualität eines Gutes. Ein Gut in Schlesien ist nicht so wie in Thüringen oder Süddeutschland. Das sind wirklich Individualitäten. Nun haben gerade nach anthroposophischer Anschauung Allgemeinheiten, Abstraktionen, überhaupt gar keinen Wert, und sie haben am allerwenigsten Wert, wenn man in die Praxis eingreifen will.

Maria Thun beobachtete bei mehrjährigen Versuchen ab 1952 einen Zusammenhang zwischen dem Stand des Mondes im Tierkreis und dem Wachstum von Radieschen, abhängig vom Aussaatzeitpunkt. Sie gründete 1971 in Dexbach bei Marburg/D die «Versuchsstation für Konstellationsforschung im Pflanzenbau». Für die Garten- und Feldarbeiten beachtete sie die Konstellation der Planeten. Mit der Zuordnung der vier Elemente und der Pflanzenorgane zu den Sternzeichen leitete sie vier verschiedene Wachstumstypen bei Pflanzen ab: Wurzelgemüse/Erd-Element (Möhren, Rote Bete, Radieschen), Fruchtgemüse/Wärme (Gurken, Tomaten, Zucchini, Paprika, Bohnen), Blattgemüse/Wasser (Spinat, Mangold, Kohl, Salat) und Blüten/Licht und Luft (Blumen). Im Kalender wird angegeben, an welchen Tagen und unter welchen Sternenkonstellationen und Mondphasen man welche «Gemüsekategorie» am besten aussäen, pflegen oder ernten sollte.

Der Kalender mit seinen Ratschlägen kommt dem verbreiteten Bedürfnis nach detaillierten Rezepten und allgemeinen Handlungsanweisungen entgegen. Inzwischen gibt es viele weitere ähnliche Kalender.

Wissenschaftliche Studien

Forschung gehörte von Anfang an zur biodynamischen Landwirtschaft. Die Pioniere begannen gleich nach dem Landwirtschaftlichen Kurs (1924) mit Vergleichsversuchen auf ihren Feldern, zum Beispiel richteten sie Parzellen ohne Anwendung der Präparate und Parzellen mit Präparate-Anwendung ein.

In der zweiten Hälfte des 20. Jahrhunderts entstanden eigene Forschungsinstitute der Biodynamik: Das Forschungsinstitut für Biologisch-Dynamische Forschung in Darmstadt/D (1950), das Institut des nordischen Forschungsringes in Järna/Schweden (1956), das Louis Bolk Institute in Bunnik/Holland (1976), das Michael Fields Agricultural Research Institute in East Troy, Wisconsin/ USA (1984). Das erste Forschungsinstitut dieser Art war jenes der Naturwissenschaftlichen Sektion am Goetheanum in Dornach/ Schweiz (1921).

Inzwischen gibt es an zahlreichen Agraruniversitäten wissenschaftliche Untersuchungen und Studien zur biologischen und biodynamischen Anbauweise. An der Universität Gießen entstanden ab 1973 erste Dissertationen zu biodynamischen Themen. Es folgte die erste explizit biodynamische Habilitationsarbeit von Dr. Hartmut Spieß zur Rhythmusforschung und zu chronobiologischen Aussaatversuchen, 1994 angenommen an der Universität Kassel/Witzenhausen.

Ein sehr prominentes Beispiel eines Systemvergleichversuches ist der DOK-Versuch, der separat dargestellt wird. Darin wird die Förderung aller wichtiger Parameter der Bodenfruchtbarkeit in der biodynamischen Variante wissenschaftlich sichtbar.

In einer gemeinschaftlichen Untersuchung von US-amerikanischen und spanischen Forschenden wurde bei Messungen der Pilzgemeinschaften in 350 Bodenproben aus Weinbauparzellen in den Vereinigten Staaten und Spanien festgestellt, dass diese in biodynamischen Böden dichtere gemeinschaftliche Strukturen ausbilden und dadurch weniger empfindlich sind gegenüber Umweltveränderungen als im Vergleich mit konventioneller Bodenbearbeitung (Ortiz-Álvarez et al., 2021).

Ein französisches Forschungsteam wies ebenfalls geringere Auswirkungen von umweltbedingtem Stress in der biodynamischen Landwirtschaft nach. Die Forschenden konnten zeigen, dass biodynamisch angebaute Weinreben als Reaktion auf Trockenheit eine stärkere Genaktivierung und somit eine höhere Anpassungsfähigkeit zeigten als konventionell angebaute Weinreben. Zudem sank in einem durch Trockenstress geprägten Jahr das Schnittgewicht im konventionellen Anbau signifikant, während der Ertrag im biodynamischen Anbau stabil blieb (Soustre-Gacougnolle et al., 2018).

Es gibt eine Reihe jüngerer Untersuchungen zur Wirksamkeit der Spritzpräparate Hornmist und Hornkiesel. Die Behandlung der Kürbisse mit Hornmist ergab eine signifikante Steigerung des Totalertrags sowie des marktfähigen Ertrags. Durch die Behandlung mit Hornkiesel wurden der marktfähige Ertrag sowie der Gehalt von Makronährstoffen und der Gehalt der Gesamtcarotinoide, der Einzelcarotinoide und Antioxidantien signifikant gesteigert. Die Kombination der beiden biodynamischen Präparate hatte einen signifikanten Effekt auf den Totalertrag sowie den marktfähigen Ertrag, auf die Nettophotosyntheseleistung, den Gehalt der Trockensubstanz (TS-Gehalt) sowie auf den Gehalt von Gesamt- und Einzelcarotinoiden. Aus diesen Resultaten darf abgeleitet werden, dass insbesondere durch das Kieselpräparat auch die Ausreifung von Früchten gefördert wird. Damit ist ein Ansatz gegeben für den wissenschaftlichen Nachweis der hohen Qualität der biodynamisch erzeugten Lebensmittel, die mit Demeter ausgezeichnet werden.

(Am Schluss dieses Buches finden sich unter Literatur weitere Hinweise auf wissenschaftliche Studien und Berichte.)

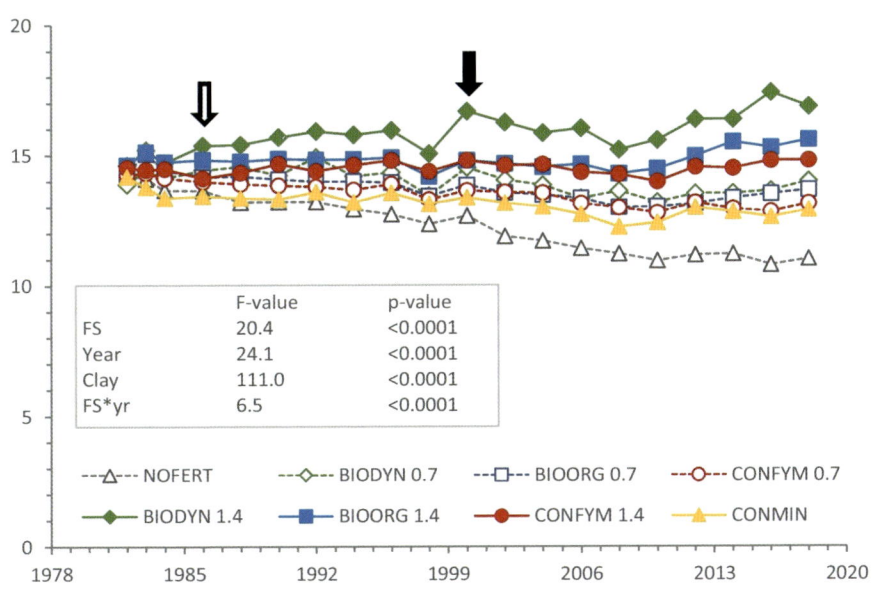

Anteil des organischen Kohlenstoffs im Boden (Gramm pro Kilogramm) im Laufe von 42 Jahren im Vergleich von BIODYN (biodynamisch), BIOORG (bioorganisch nach Bio Suisse), CONFYM (konventionell nach IP Suisse), CONMIN (konventionell, mineralisch). Quelle FiBL 2022

DOK-Langzeitversuch des FiBL
Vergleich von biodynamischer, organischer und konventioneller Anbauweise

Besonders aufschlussreich ist der wissenschaftliche DOK-Langzeitversuch in der Schweiz, der vom Forschungsinstitut für biologischen Landbau FiBL und der staatlichen Forschungsstelle Agrosope zusammen betrieben wird. Seit 1978 werden drei Anbausysteme (dynamisch, organisch, konventionell) in einem Parzellenversuch miteinander verglichen. In diesem Freilandversuch auf Lössböden werden die Anbausysteme immer wieder mit Gruppen von Praktikern besprochen und nachjustiert, so dass die Versuchsvarianten der aktuellen Praxis möglichst nahe sind.

Bis jetzt konnten 150 Artikel peer reviewed publiziert werden, die in und mit dem DOK-Versuch ihre Datengrundlage erarbeitet haben. Über die Jahre wird eine deutliche Differenzierung der Varianten in den wissenschaftlichen Daten sichtbar.

Im Biolandbau wird im Durchschnitt rund 20 Prozent weniger geerntet. Wichtig ist dabei, dass die Ertragsdifferenzen zwischen biologisch und konventionell über die 40 Jahre stabil geblieben sind – die Biosysteme vermochten die Bodenfruchtbarkeit zu erhalten. Die Biovarianten produzieren mit rund 50 Prozent geringerem Dünger- und Energieaufwand, sie sind also effizienter und schonen dabei die Umwelt. Die Unterschiede zwischen organisch und dynamisch sind vor allem bei zwei Kulturen ausgeprägt: Bei Kartoffeln liegt der Ertrag bei organisch 15 Prozent höher als bei dynamisch, was auf die Kupferspritzungen zurückgeführt werden kann. Beim Weizen liegt seit einigen Jahren dynamisch 20 Prozent höher im Ertrag als organisch, was eine wesentliche Ursache in den dynamisch gezüchteten Sorten der GZPK (Getreidezüchtung Peter Kunz) haben dürfte.

Nach starkem Regen ist die biodynamische Parzelle (rechts) deutlich weniger verschlämmt als die konventionell bewirtschaftete, dies dank der vielen Regenwürmer, in deren Gängen das Wasser versickern kann.
Fotos: FiBL/Andreas Fliessbach

Über die Jahre wurden im biologischen System 95 Prozent
weniger giftige Substanzen als im konventionellen System versprüht, im biodynamischen Verfahren 100 Prozent weniger. Das
ist nicht nur wichtig für die Insektenwelt, sondern auch für unbe-
lastete Lebensmittel und sauberes Trinkwasser.

Man kann die Unterschiede auch von Auge sehen: Nach einem
starken Regen fällt auf, dass die biologisch bewirtschafteten
Parzellen weniger verschlämmt sind. Die Bodenstruktur in den
Biovarianten ist besser ausgeprägt und stabiler; im Bioacker gibt
es mehr Regenwürmer, in deren Gängen das Wasser versickern
kann. In biologisch bewirtschafteten Böden wurden insgesamt
etwa 30 Prozent mehr Bodenlebewesen gefunden, im biologisch-
dynamischen Verfahren 60 Prozent mehr als in den konventionellen Parzellen.

Die Messungen im DOK-Versuch zeigen, dass die biologischen
Parzellen 36 Prozent und die biodynamischen 61 Prozent weniger
Klimagase produzieren. Das ist zum einen auf den reduzierten

Einsatz von Stickstoff in den Biosystemen zurückzuführen, zum andern auf die bessere Bodenstruktur, einen stabilen pH-Wert und mikrobielle Gemeinschaften, die Lachgas in unschädlichen elementaren Stickstoff umwandeln können. Unter dem Strich ist insbesondere das biologisch-dynamische System klimafreundlicher, da es den Kohlenstoff am besten in Form von Humus im Boden behalten kann.

Zusammenfassend dürfen die wissenschaftlichen Resultate des DOK-Versuches als eine eindeutige Bestätigung der Ziele und Ansprüche der Biodynamik gewertet werden. Für alle Parameter, die für eine gesunde und nachhaltige Landwirtschaft stehen – Bodenfruchtbarkeit, Biodiversität und Klimawirkung –, werden in den biodynamischen Parzellen sehr gute Werte gemessen. Damit sind die Ökosystemleistungen der Biodynamik besser bis deutlich besser als in den anderen Anbausystemen. Dabei bleibt der Ertrag über die Jahrzehnte auf 80% des konventionellen Ertrages. Damit ist wissenschaftlich erwiesen, dass langfristig die Ertragssicherheit gegeben ist. Die Kritik, dass durch fehlende Nährstoffzufuhr eine Verarmung eintritt und Raubbau an der Ertragskraft der Böden geführt wird, ist also falsch. Gerade das Gegenteil ist richtig. Wenn man jetzt noch die Energie- und Umweltbilanz erstellt, darf man ganz klar auch von einer besseren Effizienz der organischen und der dynamischen Varianten sprechen. Bei der konventionellen Variante fallen grosse Inputs ins Gewicht, während bei den Biovarianten hingegen der Zukauf gegen Null tendiert. Insbesondere die dynamische Variante des DOK-Versuches zeigt, dass sie in dem Mix von ökologischer, agronomischer und wirtschaftlicher Bilanzierung die besten Resultate bringt.

Weintrauben. Foto: Chalotte Fischer

Die Erforschung des Bio-Weinbaus

Am Institut für allgemeinen und ökologischen Weinbau, das der Hochschule Geisenheim angegliedert ist, läuft seit 2006 das Projekt INBIODYN, ein wissenschaftlicher Feldversuch nach dem Modell des seit über vierzig Jahren laufenden DOK-Versuchs des FiBL in der Schweiz. In diesem Systemvergleich werden die Auswirkungen der integriert-konventionellen, bioorganischen und biodynamischen Wirtschaftsweise auf Reben und Weinberg untersucht. Entscheidende Ergebnisse zur mikrobiellen Aktivität des Bodens und zur Biodiversität im Boden sowie zur Qualität des Weins der drei Bewirtschaftungssysteme liegen vor. Ökologische und biodynamische Bearbeitung weisen mehr Enzymaktivität und mehr pilzliche und bakterielle Biomasse und mehr Bakterienarten auf.

Weckruf der Geschmacks- und Qualitätsexperten
Biowein-Bewegung in Frankreich

Winzer und Winzerinnen können den Einfluss der biodynamischen Bewirtschaftung wahrnehmen, riechen und schmecken. Im Geschmack des Weins finden sie seinen Entstehungszusammenhang, das Terroir, den Boden, das Klima des Jahres, den Jahrgang, manchmal gar die Persönlichkeit der Winzerin oder des Winzers. Philippe Faure-Brac, bester Sommelier der Welt 1992, beschrieb seine Sinneseindrücke vom Degustieren: Biodynamisch geführte Weine scheinen mehr Säure und Tiefe zu zeigen. Der wichtigste Unterschied ist das geschmackliche Gleichgewicht des Weins. Die Mineralität ist stärker ausgeprägt, die «Persönlichkeit» des Weins kommt einzigartiger zum Ausdruck. Und von Olivier Poussier, dem besten Sommelier der Welt 2000, ist zu hören: «Meine schönsten Geschmackserlebnisse verdanke ich Weinen aus dem biodynamischen Weinbau.»

Seit den 1990er-Jahren gibt es eine vielfältig fruchtende Biowein-Bewegung in Frankreich; inzwischen mit 609 zertifizierten biodynamischen Weinbaubetrieben, 469 mit dem Demeter-Label, 140 mit dem Biodyvin-Label (Stand 2021). Seit 2009 gibt es die Demeter-Marke auch bei Weinen. Demeter-Winzer und -Winzerinnen gewinnen regelmäßig Auszeichnungen und gehören bei anerkannten Weinführern (Gault et Millau, Gilbert et Gaillard, Bettane et Desseauve) zu den Spitzenwinzern weltweit.

In der «Revue du Vin de France» vom Februar 2021 werden über hundert ausgewählte Bio-Weine in kurzen Steckbriefen vorgestellt.

Keine rückwärtsgewandte Orientierung

Rudolf Steiner, Koberwitz, 7. Juni 1924

Es handelt sich, wenn hier vom anthroposophischen Gesichtspunkte aus gesprochen wird, wirklich darum, nicht zurückzugehen zu den alten Instinkten, sondern aus einer tieferen geistigen Einsicht heraus das zu finden, was die unsicher gewordenen Instinkte immer weniger geben können. Dazu ist notwendig, dass wir uns einlassen auf eine starke Erweiterung der Betrachtung des Lebens der Pflanzen, der Tiere, aber auch des Lebens der Erde selbst, auf eine starke Erweiterung nach der kosmischen Seite hin.

Biodynamische Landwirtschaft und spirituelles Naturverständnis indigener Völker
Begegnung und Austausch an Tagungen am Goetheanum

Seit 1925 bis heute findet jährlich eine «Landwirtschaftliche Tagung» am Goetheanum in Dornach statt. Dies ist ein Treffpunkt der biodynamischen Bewegung zum Austausch und zur Weiterbildung von Landwirten, Verarbeiterinnen, Händlern, Forscherinnen, Beratern, Studentinnen, Lehrlingen und Interessierten aus aller Welt. Die Tagung wird inzwischen auch digital in sieben Sprachen durchgeführt, mit rund 1'000 Teilnehmenden aus 50 Ländern.

Zur Tagung «Wege zum Geistigen in der Landwirtschaft» im Februar 2020, gerade noch vor dem Covid Lockdown, waren Vertreterinnen und Vertreter indigener Völker aus aller Welt eingeladen, von ihren Erfahrungen zu berichten. In jener Tagung ging es um Zusammenhänge und Gemeinsamkeiten zwischen einer in Europa geborenen biodynamischen Landwirtschaft und dem spirituellen Naturverständnis und den kosmologischen Traditionen indigener Völker, wo seit jeher die Einheit von Mensch und Natur hochgehalten wird. Viele landwirtschaftliche Praktiken, die heute noch bekannt sind und auch gelebt werden, haben ihren Ursprung in der indigenen Landwirtschaft.

Landwirtschaft als Kulturimpuls – Arbeit auf und mit der Erde

Aus der Geschichte der Landwirtschaft über Jahrhunderte und Jahrtausende können wir lernen, wie die noch überwiegend in der Landwirtschaft tätige Bevölkerung im Kampf mit den Kräften der Natur und unter der Knechtschaft der Obrigkeit stand. Wir können uns aber auch von ihrer täglichen Arbeit beeindrucken lassen, mit der durch Einsicht und Hingabe die Natur kultiviert wurde durch die Domestikation der Tiere, die Züchtung der Pflanzen, die Herausbildung von fruchtbaren Böden; wie durch eine vorindustrielle Landwirtschaft die Kulturlandschaften geschaffen und erhalten wurden. Noch heute können wir die Nachwirkungen der Vielfalt der Landwirtschaftsimpulse aus allen Zeiten erleben: so zum Beispiel an indigenen Praktiken einer intimen Partnerschaft mit der Natur, im Umgang mit den heiligen Kühen in Indien, mit der Saatgutpflege des Weizens über viele Generationen, ausgehend von Vorderasien. Oder an der Anbauweise «Milpa»: Die Maya in Mittelamerika bauten über Jahrhunderte Mais, Bohnen und Kürbisse zusammen an. Der Mais dient den Bohnen als Kletterstange. Die Bohnen bringen Stickstoff in den Boden ein, der von den anderen Pflanzen genutzt wird. Die Kürbisblätter über dem Boden verdecken oder verhindern Unkraut und halten die Bodenfeuchtigkeit. Das funktioniert in verschiedenen Variationen bis heute so. Wir lernen, dass es in diesem Kulturgang immer wieder Phasen der Selbstbestimmung, der gesellschaftlichen Mitgestaltung, sogar der Trägerschaft des Kulturfortschrittes für die Landwirtschaft gegeben hat. Die Phasen einer gesunden landwirtschaftlichen Entwicklung waren immer kulturell inspiriert, und die Kulturentwicklung ihrerseits war inspiriert und getragen von der Landwirtschaft. Mensch und Erde, Kultur und Natur, unser Menschsein und Menschwerden haben existentiell und in Koexistenz miteinander zu tun. Die bewusstseinsgeschichtliche Perspektive auf die Evolution der Landwirtschaft kann uns schließlich Ahnung und Ideen davon eröffnen, an welchem Punkt wir heute stehen und welche evolutiven Aufgaben uns – als gesamter Menschheit auf dieser Erde – heute und in nächster Zukunft gestellt sind.

3

Die acht Vorträge des Land-
wirtschaftlichen Kurses 1924

Aus dem Weltzusammenhang heraus lernen

Rudolf Steiner, Koberwitz, 10. Juni 1924

Wir stehen auch vor einer großen Umwandlung des Innern der Natur. Das, was aus alten Zeiten zu uns herübergekommen ist, was wir auch immer fortgepflanzt haben, sowohl an Naturanlagen, an naturvererbten Kenntnissen und dergleichen, wie auch das-jenige, was wir von Heilmitteln herüberbekommen haben, ver-liert seine Bedeutung. Wir müssen wiederum neue Kenntnisse erwerben, um in den ganzen Naturzusammenhang solcher Dinge hineinzukommen. Die Menschheit hat keine andere Wahl, als ent-weder auf den verschiedensten Gebieten aus dem ganzen Natur-zusammenhang, aus dem Weltenzusammenhang heraus wieder etwas zu lernen, oder die Natur ebenso wie das Menschenleben absterben, degenerieren zu lassen. Wie in alten Zeiten es notwen-dig war, dass man Kenntnisse hatte, die wirklich hineingingen in das Gefüge der Natur, so brauchen auch wir heute wieder Kennt-nisse, die wirklich hineingehen in das Gefüge der Natur.

Tagungsort Schloss Koberwitz von Carl Graf von Keyserlingk und Johanna Gräfin von Keyserlingk, die Gastgeber für den Landwirtschaftlichen Kurs auf Schloss Koberwitz. Graf von Keyserlingk war Güterdirektor der 18 Güter mit 7500 ha, die für die nahe gelegene Zuckerfabrik des Familienverbandes «Vom Rath, Schöller und Skene» in Klettendorf produzierten. Allein auf den Gütern bei Breslau arbeiteten über tausend Menschen.

Der Landwirtschaftliche Kurs
Das Buch mit den grundlegenden Vorträgen von 1924

Vom 7. bis 16. Juni 1924 hielt Rudolf Steiner in Koberwitz bei Breslau (Niederschlesien, heute polnisch: Kobierzyce) auf Einladung des dortigen Güterdirektors Carl Graf von Keyserlingk und seiner Frau Johanna Gräfin von Keyserlingk vor rund 130 Teilnehmern acht Vorträge über die verschiedenen Gebiete der Landwirtschaft. In vier Diskussionsveranstaltungen stand er den Landwirten, Kleinbauern, Gärtnerinnen, Landwirtschaftslehrern, landwirtschaftlichen Arbeitern, Großgrundbesitzern, Pächtern und Verwaltern von Gutsbetrieben für die Beantwortung ihrer Fragen zur

Verfügung. Wie bei allen seinen über 6'000 Vorträgen handelt es sich auch hier um frei vorgetragene Reden.

Dieser «Landwirtschaftliche Kurs» erschien noch 1924 in gedruckter Form für den internen Gebrauch und wurde mit seiner vierten Auflage 1963 als Band GA 327 in die Rudolf Steiner Gesamtausgabe übernommen. Es gibt Übersetzungen auf Afrikaans, Chinesisch, Englisch, Finnisch, Französisch, Griechisch, Hebräisch, Indisch, Italienisch, Japanisch, Koreanisch, Lettisch, Polnisch, Portugiesisch, Russisch, Serbisch/Kroatisch, Slowenisch, Spanisch, Tschechisch, Ungarisch. 2022 erschien eine vollständig überarbeitete Neuauflage: «Landwirtschaftlicher Kurs. Geisteswissenschaftliche Grundlagen zum Gedeihen der Landwirtschaft».

In den 100 Jahren, die seit dem Kurs vergangen sind, sind die inspirierenden Gesichtspunkte für eine nachhaltige und produktive Landwirtschaft vielfach weiterentwickelt und angepasst worden. Die biodynamische Bewegung ist ein forschendes, lernendes und innovatives Netzwerk mit Akteuren in über 50 Ländern auf allen Kontinenten, auf denen Landwirtschaft möglich ist.

Der «Landwirtschaftliche Kurs» wirkte vielfältig in der ganzen Bio- und Ökolandwirtschaft. Er darf als ein bedeutsamer Impuls der aufkommenden engagierten Zivilgesellschaft in der zweiten Hälfte des 20. Jahrhunderts betrachtet werden. Auch die Wissenschaftlerin und Autorin Rachel Carson in den USA wurde während der Entstehung ihres Bestsellers «Silent Spring» (1962) über ihre Freundin Marjorie Spock, eine Umweltaktivistin und biodynamische Gärtnerin, mit der biodynamischen Anbaumethode und Rudolf Steiners Kurs bekannt.

Überblick über den Dottenfelderhof, ein Betriebsorganismus mit
biodynamischer Landbauschule in Deutschland

Die landwirtschaftliche Ganzheit
Ein Prinzip biodynamischer Landwirtschaft

Seit hundert Jahren wird mit den Anregungen und Gesichtspunkten des «Landwirtschaftlichen Kurses» gearbeitet und weitergeforscht. Jede Generation bringt die Sache mit ihrem Verständnis und Engagement auf ihre Weise wieder ein Stück weiter, inzwischen weltweit, egal ob auf dem Feld, im Stall, im Labor, in der Küche, im Laden oder im Büro.

Die Landwirtschaft als lebendige Ganzheit zu erfassen und zu gestalten gehört zu den wichtigsten Prinzipien des biodynamischen Impulses. Rudolf Steiner sprach vom landwirtschaftlichen Organismus und gar von der Landwirtschaft als «Individualität». Seine ungewöhnlichen Blickrichtungen können zu Inspirationsquellen werden, um immer wieder einen Schritt weiterzukommen in der Beobachtung, im Verständnis und in der Ausgestaltung der Landwirtschaft.

Die biodynamische Landwirtschaft versteht den landwirtschaftlichen Organismus als produktives Durchdringungsgeschehen von Boden, Pflanze und Tier, realisiert von der Kultivierungsarbeit des Menschen.

Im bloß traditionellen Verständnis der Landwirtschaft hat sich seit dem 20. Jahrhundert der landwirtschaftliche Organismus allmählich in seine Einzelteile aufgelöst. Nur im spezialisierten Milchproduktionsbetrieb, Ackerkulturbetrieb, Obstbaubetrieb, Gemüsebaubetrieb können die Faktoren Arbeit, Kapital und Know-how in einigermaßen rentabler Weise eingesetzt werden. Alle internen Dienstleistungen, die der gemischte Betrieb für die einzelnen Betriebszweige im gegenseitigen Austausch bietet – z. B. Hofdünger aus der Tierhaltung, Stroh aus dem Ackerbau, Gesundheitspotential aus der vielgestaltigen Landschaft – fallen weg und müssen als Betriebsmittel von außen zugekauft werden. Mineralische Dünger, chemische Pestizide und Herbizide, Industriefutter halten Einzug. Damit wird die Industrialisierung der Landwirtschaft vollzogen, und im 20. Jahrhundert ist das in großem Stil in sehr vielen Ländern als «Fortschritt» und Problem Tatsache geworden.

Die biodynamische Bewegung hat sich immer als einen Ort verstanden, wo das Prinzip der landwirtschaftlichen Ganzheit, allen realwirtschaftlichen Schwierigkeiten zum Trotz, gepflegt und in vielfältiger Weise gefördert wird. Dazu gehört, dass jede Generation sich auch neu um ein Verständnis des Wertes dieser Ganzheit bemüht.

Der landwirtschaftliche Organismus

Fasst man die Landwirtschaft als Organismus auf – sei es als Betrieb, als Dorf oder als Talschaft –, dann ist damit ein durch Kultivierung aus der zugrundeliegenden Natur herausgebildeter Organismus gemeint. Das Modell oder Vorbild kann in natürlichen Organismen gesehen werden, wie sie insbesondere in den Säugetieren ausgestaltet sind. Bei diesen stehen die einzelnen Organe im Dienste der Ganzheit. Entsprechend werden im landwirtschaftlichen Organismus die einzelnen Betriebszweige zu Organen des Betriebsorganismus. Dies eröffnet eine neue Sicht auf jeden Teil, der jetzt als Organ gesehen wird, d. h. im Dienste des Ganzen steht und aus diesem Ganzen einen großen Teil seiner Aufgabe erhält.

Die Kuhherde zum Beispiel ist dann nicht nur der Einkommensbringer über den Milchverkauf, sondern die Kuhherde wird zum Verdauungspol des ganzen Organismus. Die interne Leistung durch den Dung, die Prägung der Landschaft durch den Arbeitsrhythmus werden genauso wichtig wie das Verdauungsprodukt, und entsprechend werden Zucht, Haltung und Fütterung anders eingerichtet. Der Landwirt und die Landwirtin oder ihre Gemeinschaft gestalten primär den landwirtschaftlichen Organismus als Ganzheit, das ist ihre hauptsächliche unternehmerische Aufgabe und Leistung. Die Gestaltung und Bewirtschaftung der einzelnen Organe ist sekundär, und sie hat immer nach Maßgabe des umfassenden Organismus zu geschehen. Diese Orientierung auf das Ganze kann aber nicht als absoluter Maßstab genommen werden. Denn der Betrieb muss auch kurzfristig existenzfähig sein und sich nach den aktuellen Marktverhältnissen richten können. Die Kunst besteht darin, auf diese Marktverhältnisse einzugehen, ohne sich ihnen ganz auszuliefern. Die

Balance zwischen Beobachtung und innerem Abwägen macht den Spielraum aus und hilft auch hier ganz nebenbei gegen einseitigen Prinzipien- und Durchsetzungs-Fanatismus, vor dem Rudolf Steiner warnte.

Der Organismus ist in sich geschlossen, das ist sein Prinzip. Dies ist möglich durch eine große innere Diversität einerseits und andererseits durch einen geschlossenen Substanzkreislauf über Dünger – Boden – Futter. Im Landwirtschaftlichen Kurs wird diese möglichst anzustrebende Geschlossenheit als Voraussetzung dargestellt, damit überhaupt qualitativ zufriedenstellende Produkte erzeugt werden können. Dabei versteht es sich für die biodynamische wie überhaupt für eine biologische Landbauweise von selbst, dass es sich nicht um einen ewigen Kreislauf toter Materie handelt, sondern dass die Substanzen ganz von dem Wesen geprägt werden, zu dem sie jeweils gehören. Vom mineralisch-humosen Boden und Bodenleben zur belebten Pflanze zum beseelten Tier entstehen «Quantensprünge» für die Substanzen. Dies gilt in herausragendem Maße für den Stickstoff. Er hat eine ganz andere Qualität, wenn er aus dem inneren Substanzkreislauf frei wird, als wenn er in leichtlöslicher Form von außen in Form von Mineraldünger zugeführt wird.

Überall, wo die Substanz von einem Naturreich in ein anderes übergeht, besteht für den Biodynamiker ein besonderes Interesse. Am meisten gilt dies für den Neuanfang über den Humus im Boden. Die Düngungsfrage ist eigentlich die «allerinteressanteste Frage» für Steiner. Und an diesem Punkt erweitert er das wissenschaftliche Rüstzeug um den Begriff der «landwirtschaftlichen Individualität».

Individualität als landwirtschaftlicher Kulturbegriff

Rudolf Steiner führte mit der «landwirtschaftlichen Individualität» einen Kulturbegriff in die Landwirtschaft ein und sprengte damit den Rahmen der klassischen Agronomie. Der Mensch als Individualität wird Modell für die landwirtschaftliche Ganzheit. Damit wird sie über den Begriff des Organismus hinausgeführt. Jeder Hof, jede Hofgemeinschaft, hat einen eigenen, vielschichtigen Charakter, eine spezifische Qualität und eine eigene Geschichte, steht unter je spezifischen Einflüssen der aktuellen Situation, des Ortes, der Um- und Mitwelt, des Jahreslaufs und der jeweiligen Interaktion. Damit erhält die biodynamische Landwirtschaft Farbe und Vielfalt der individuellen Ausgestaltung und Praxis. Die biodynamische Landwirtschaft ist kein Standartschema mit restlos festgeschriebenen Rezepten und in Stein gemeißelten Richtlinien. Es ist vielmehr ein Nährboden mit ungeahnten Möglichkeiten und offenem Ausgang im langen Zeitverlauf, es ist eine Einladung zu einer kreativen Kulturarbeit, einem freundlichen und verantwortungsvollen Umgang mit der anvertrauten Erde.

Futter, Mist und Samenchaos

Der Strom an Substanzen, der im Betrieb zirkuliert, kommt als Futter zu den Tieren, im Wesentlichen zu den Kühen. Diese unterziehen dieses Futter, wenn sie wiederkäuen, einer «kosmischqualitativen Analyse». Das heißt, das Futter wird sinnlich und physiologisch beim Fressen und Verdauen einer wiederkäuenden Kuh umfassend wahrgenommen. Das Ergebnis dieser «Analyse», also das, was das Tier an dem Futter erlebt, wird dieser Substanz wieder mitgeteilt.

Diese Substanz wird in der Kuh während des Verdauens vom Futter zum Mist. Der Mist, der von der Kuh kommt, ist dieselbe Substanz wie das Futter, aber jetzt ganz von den Kräften durchdrungen, die ihm von der Kuh imprägniert worden sind. Wird jetzt mit dem Mist gedüngt, kommen nicht nur Nährstoffe, sondern eben auch zusätzlich Form- und Aufrichtekräfte für die Pflanzen aufs Feld. Diese stellen dann wieder das nächstjährige Futter dar oder sind über die Fruchtfolge in das Betriebsganze organisch eingebunden. In diesem Sinne kommt es zu einer über die Jahre fortschreitenden Selbstbegegnung, was eine Individualisierung bedeutet. Das Schließen des Kreislaufes – im Sinne des Organismus – korrespondiert mit einem Aufschließen in schöpferische Zeiträume – im Sinne der werdenden Individualität.

Überall, wo ein Lebenszyklus sich rundet und ein neuer anfängt, ist in der irdischen Kausalkette eine Öffnung für die Zukunftskräfte. Geschildert wird dies im «Landwirtschaftlichen Kurs» zum Beispiel beim Samenchaos als Öffnungsmoment beim Übergang von einer Pflanzengeneration zur nächsten. Und insbesondere bedeutet das vom Menschen vollzogene Schließen des Substanzkreislaufes über den sorgfältig gepflegten Hofdünger ein Öffnungsmoment im Zeitlichen. Der geschlossene Organismus ist nicht Selbstzweck, sondern Grundlage für eine Öffnung nach innen, ein inneres Wachwerden der landwirtschaftlichen Ganzheit als Individualität. Auch die biodynamischen Spritzpräparate weiten und dynamisieren das Zeitwesen der Landwirtschaft.

Die Pflanze im Kosmos

Am Pflanzenwachstum ist der ganze Himmel mit seinen Sternen beteiligt! Das muss man wissen. Das muss in die Köpfe wirklich nun einmal hineinkommen.
Rudolf Steiner nach dem Landwirtschaftlichen Kurs, Dornach, 20. Juni 1924

Der Boden zwischen oben und unten

Rudolf Steiner vergleicht die Landwirtschaft direkt mit einem umgekehrten Menschen. Sein Oberes, der Kopf, ist bei der landwirtschaftlichen Individualität unten, das heißt im Boden. Sein Unteres, Stoffwechsel und Gliedmaßen, sind bei der Landwirtschaft über dem Boden, das heißt in Luft und Licht, und die Mitte ist der Boden. Der Boden wird im Vergleich mit dem Menschen dem Zwerchfell gleichgesetzt, als ein in den verschiedenen Rhythmen atmendes Organ, in dem Unten und Oben sich korrespondierend begegnen.

Der landwirtschaftliche Betrieb hat also nicht nur eine horizontale Ebene, die sich in Hektaren misst. Er hat für den Biodynamiker auch eine vertikale Dimension. Und wenn man sich fragt, wo denn die untere und obere Begrenzung des Betriebes ist, kommt man nicht auf eine messbare Distanz. Mit dem geotropischen Wachstum der Wurzel ist die Pflanze zum Erdmittelpunkt orientiert und mit Spross und Blüte zur Sonne. Für eine dynamische Betrachtung durchdringen sich Irdisches und Kosmisches im Lebensgeschehen auf dem Hof. Diese Durchdringung kann in dem Kulturorganismus Landwirtschaft viel intensiver sein als in der Natur. Die gesteigerte Intensität des geschlossenen

Substanzkreislaufes erlaubt eine größere Intensität des entsprechenden Kräftewirkens. Die Kompostpräparate als Herbeibringer von Elementen aus einem weiten horizontalen und auch vertikalen Umkreis sind der neue und konsequente Griff, diese Dimension in die praktische Handhabung zu bringen.

Der Erdboden als Zwerchfell

Rudolf Steiner, Koberwitz, 10. Juni 1924

Man muss schon, wenn man von der Betrachtung des Erdbodens ausgeht, sein Augenmerk darauf lenken, dass der Erdboden eine Art Organ ist in dem Organismus, der sich im Naturwachstum überall zeigt, wo eben ein solches Naturwachstum ist.

Der Erdboden ist ein wirkliches Organ, er ist ein Organ, das wir etwa vergleichen können, wenn wir wollen, mit dem menschlichen Zwerchfell. [...] Auf einer Landwirtschaft gehen wir eigentlich im Bauche der Landwirtschaft herum, und die Pflanzen wachsen in den Bauch der Landwirtschaft herauf.

Die Identitätskraft der Individualität

Ein im Sinne einer Ganzheit entwickelter und über die Jahre gepflegter Ort – Hof, Garten, Park, Talschaft – bildet in sich wieder alle Elemente aus, die die umfassende Natur hervorgebracht hat. In diesem Spannungsverhältnis von speziell und universell gründet die Identität eines Betriebes.

Die Identitätskraft des Betriebes, die immer wichtiger wird, auch für den Betriebserfolg, ist Ausdruck der landwirtschaftlichen Individualität. Hat sie etwas zu tun mit den Menschen, die den Betrieb bearbeiten? Diese Frage wird in der biodynamischen Bewegung viel diskutiert und eröffnet vielschichtige Aussichten, je nach Standpunkt, den man einnimmt. Dieses Ich-Du-Verhältnis zwischen Mensch und Betrieb näher auszuleuchten und zu erforschen, gehört zu den essenziellen und spannenden Fragen, die mit dem anthroposophischen Impuls für die Landwirtschaft verknüpft sind. Von der anderen Seite her interessiert es, wie die im kleinen Betrieb wirkende Individualität in einem Verhältnis steht zum großen Erdenplaneten. So wie der individuelle Mensch der Ort ist, wo sich die Zukunft der Menschheit realisiert, ist die sich zur Individualität hin entwickelnde Landwirtschaft der Ort, wo sich die Zukunft der Erde realisiert.

Rudolf Steiner, Wandtafelzeichnung, Koberwitz, 11. Juni 1924

Kernthemen im Landwirtschaftlichen Kurs
Elemente Kohlenstoff und Stickstoff

Rudolf Steiner spricht die Elemente an, die auch in der Agrono-
mensprache aktuelle Themen sind: Schwefel, Kohlenstoff, Sauerstoff, Stickstoff und Wasserstoff. Der Kohlenstoff ist derjenige, der
im Organischen das Grundgerüst bildet, er lebt dynamisch im
Lebenszyklus der Einzelpflanze und im ganzen Pflanzenbestand
eines Ackers. Wenn es geschafft wird, den Kohlenstoff in zykli-
schem Leben zu halten, dann wirkt das nicht nur nicht klima-
schädigend, sondern es schafft ein positives Klima.

Aus der Luft ist der Stickstoff nur schwer ins organische Leben
zu bringen. Über die Tiere und die Pflanzenfamilie der Leguminosen gelingt es, den Stickstoff in genügender Qualität und Quantität im landwirtschaftlichen Betrieb zur Verfügung zu haben.
Im biodynamischen Landbau und in den Demeter-Richtlinien ist

der Einbezug der Tiere vorgeschrieben. Synthetisch und industriell hergestellter Stickstoffdünger ist nicht nötig. Dieser künstliche Stickstoff entweicht leicht als Lachgas in die Atmosphäre und wirkt dort 265-mal schädlicher als CO_2.

Stickstoff und Stickstoff

Rudolf Steiner nach dem Landwirtschaftlichen Kurs, Dornach, 20. Juni 1924

Es weiß zum Beispiel kein Mensch heute, dass alle die mineralischen Dungarten gerade diejenigen sind, die zu dieser Degenerierung, von der ich gesprochen habe, zu diesem Schlechterwerden der landwirtschaftlichen Produkte das Wesentliche beitragen. Denn heute denkt eben jeder einfach: nun ja, zum Pflanzenwachstum gehört eine bestimmte Menge Stickstoff, und die Leute finden einfach ganz gleichgültig, auf welche Weise dieser Stickstoff bereitet wird, wo er herkommt. Das ist aber nicht gleichgültig, wo er herkommt, sondern es handelt sich wirklich darum, dass zwischen Stickstoff und Stickstoff, zwischen dem Stickstoff, wie er in der Luft mit dem Sauerstoff zusammen ist, zwischen diesem toten Stickstoff und dem anderen Stickstoff ein großer Unterschied ist. Sie werden es nicht leugnen, meine lieben Freunde, dass ein Unterschied ist zwischen einem Menschen, der lebendig herumgeht und einem Leichnam, einem menschlichen Leichnam.

Rudolf Steiner, Wandtafelzeichnung, Koberwitz, 13. Juni 1924

Aus den Inhalten des Landwirtschaftlichen Kurses
Zusammenfassungen der acht Vorträge

Acht Vorträge veränderten die Welt der Landwirtschaft nachhaltig. Schritt für Schritt wurde in diesen Vorträgen im Juni 1924 der Grundstock für die Erfolgsgeschichte der Biodynamik gelegt.

Erster Vortrag

Eine gesunde Landwirtschaft ist Grundlage gesunder gesamtwirtschaftlicher Verhältnisse. Zur Landwirtschaft gehört nicht nur der Boden, sondern auch der Umkreis bis in die kosmischen Weiten hinein. Pflanzen sind mit dem planetarischen Umkreis verbunden. Saturn, Jupiter, Mars wirken über das Kieselige auf die Nährhaftigkeit der Pflanzen, und Mond, Venus, Merkur wirken über das Kalkige auf die Reproduktionskraft.

Zweiter Vortrag

Die Begriffe «landwirtschaftlicher Organismus» und «landwirtschaftliche Individualität» werden eingeführt. Kiesel, Kalk, Ton und Humus gehören zur Grundlage des landwirtschaftlichen Organismus. Die Tiere liefern den unverzichtbaren Mist, um die Fruchtbarkeit des Standortes zu fördern. Der landwirtschaftliche Organismus steht in der Polarität von oben und unten, von Sonne und Erde, von kosmisch und irdisch.

Dritter Vortrag

Die fünf Substanzen Schwefel, Kohlenstoff, Sauerstoff, Stickstoff, Wasserstoff bilden Eiweiß. Sie sind substanzielle Ausgestaltungen von geistigen Wirkprinzipien: Kohlenstoff ist Träger von Gestaltbildungskräften; Sauerstoff ist Träger von Lebenskräften; Stickstoff ist Träger von Empfindungskräften; Schwefel verstofflicht Geistiges; Wasserstoff vergeistigt Stoffliches. Diese fünf Substanzen werden begleitet von Kalk und Kiesel. Im Stoffgeschehen einer Landwirtschaft zeigt sich damit geistiges, seelisches und lebendiges Wirken.

Vierter Vortrag

Das Zusammenwirken von Kräften und Substanzen wird am Beispiel der Ernährung dargestellt. Die Rolle des Komposts und der Humusbildung werden im Verhältnis zum Baum betrachtet. Die Herstellung und Anwendung der beiden biodynamischen Präparate Hornmist und Hornkiesel werden eingeführt. Damit geht eine Erweiterung des Dünger-Begriffes einher. Das Hornmistpräparat fördert einen gesunden Boden und eine kräftige Wurzel, das Hornkieselpräparat vermittelt Lichtwirkung und fördert die Qualität in Blatt-, Blüten- und Fruchtbildung.

Fünfter Vortrag

Einführung der biodynamischen Kompostpräparate. Für ihre Herstellung werden die Pflanzensubstanzen in tierische Organhüllen gegeben und den Umkreiskräften im Jahreslauf überlassen. Sie werden in homöopathischen Mengen dem Kompost, dem Mist oder auch der Jauche beigegeben. Sie wirken dynamisch und organisch im Dünger und im gedüngten Boden.

Sechster Vortrag

Die starke Reproduktionskraft von einjährigen Unkräutern kommt von Venus, Merkur und insbesondere vom Mond. Durch das Veraschen von Unkrautsamen kann ein massives Aufwachsen von Unkräutern verhindert werden. Die angefallene Asche wird in homöopathischen Mengen auf die Felder ausgebracht. Ein entsprechendes Veraschungsverfahren wird für tierische Schädlinge erläutert. Für die Behandlung von Pflanzenkrankheiten werden die überschüssigen Mondenkräfte durch Ausbringen von Ackerschachtelhalm-Tee auf die gefährdeten Pflanzenkulturen abgeleitet.

Siebenter Vortrag

Landwirtschaft heißt Landschaftsgestaltung. Pflanzen- und Tierleben hängen existentiell voneinander ab. So sind zum Beispiel Vögel und Nadelbäume aufeinander angewiesen; entsprechende Zusammenhänge gelten für Säuger und Sträucher bzw. Laubbäume, Insekten und Kräuter sowie für Parasiten und Feuchtbiotope. Eine Verminderung von landwirtschaftlicher Nutzfläche zugunsten von ökologischen Ausgleichsflächen wird angeregt. Der Natur-Haushalt des Hofes ist gesund, wenn das Gebende der Pflanzen und das Nehmende der Tiere im Gleichgewicht ist.

Achter Vortrag

Wie kann die Fütterung der Hoftiere wesensgerecht gestaltet werden? Die Wurzel als Nahrung wirkt vorzüglich im Kopf, und vom Kopf aus wird beim jungen Tier der übrige Organismus geformt. Daher ist es günstig, das Kälberfutter mit Möhren zu ergänzen. Bei der Milchviehfütterung stehen Blattpflanzen im Vordergrund, insbesondere Leguminosen wie Klee und Luzerne. Bei der Mast wird die Fütterung durch Blüten und Samen zur Stärkung der Muskulatur ergänzt. Den Abschluss des Kurses bildet eine ganzheitliche Betrachtung des Stoffkreislaufes in einem Hoforganismus unter dem Aspekt der Entwicklung einer Hofindividualität.

Die großen Wechselwirkungen in der Natur

Rudolf Steiner, Koberwitz, 15. Juni 1924

Die in der Natur vorkommenden Wesen, sie werden ja sehr, sehr häufig bloß so betrachtet, als ob sie allein dastünden. Man ist heute gewohnt, eine Pflanze für sich anzuschauen sogar, und dann, von dieser ausgehend, eine Pflanzenart zu betrachten für sich, eine andere Pflanzenart daneben wiederum für sich. Man ordnet das so hübsch in Schachteln, in Arten und Gattungen gegliedert, ein, in dasjenige, was dann eben von den Dingen gewusst werden soll. Aber so ist es ja nicht in der Natur. In der Natur, im Weltenwesen überhaupt steht alles in Wechselwirkung miteinander. Es wirkt immer das eine auf das andere. Heute, in der materialistischen Zeit, verfolgt man nur die groben Wirkungen des einen auf das andere; wenn das eine durch das andere gefressen, verdaut wird, oder wenn der Mist von den Tieren auf die Äcker kommt. Diese groben Wechselwirkungen verfolgt man allein.

4

Vorbereitung und Durchführung der Veranstaltungen 1924

Biodynamische Landwirtschaft

Die grundlegenden Vorträge zur biodynamischen Landwirtschaft sind im sogenannten «Landwirtschaftlichen Kurs» gesammelt. Rudolf Steiner verstand den Kurs als eine Erweiterung des bäuerlichen Erfahrungswissens, der bisherigen landwirtschaftlichen Praxis und der naturwissenschaftlich basierten Agronomie um grundlegend neue Gesichtspunkte und Richtlinien aus der spirituellen Geisteswissenschaft. Rudolf Steiner blickte im Kurs auf die lebendigen Wechselwirkungen zwischen Boden, Pflanzen und den Tieren eines Betriebs sowie auf die Erde im Kosmos.

Koberwitz 1924

Ein Kursteilnehmer erzählt

Definitiver Kurs-Termin. Alexander Graf von Keyserlingk bei Rudolf Steiner in Dornach

Mit Onkel Carl war ich einige Male bei Ernst Stegemann, und dort wurde besprochen, dass Rudolf Steiner gebeten werden solle, für die Landwirte eine Tagung abzuhalten. Stegemann arbeitete damals schon nach Rudolf Steiners Richtlinien – Präparate hatte er aber noch nicht.

Es war uns allen klar, dass die Zukunftsaussichten für den Ackerboden, die Nutzpflanzen und damit auch für Mensch und Tier durch die chemische Düngung immer düsterer werden müssten, auch wenn zu Anfang hohe Erträge über das wahre Ergebnis hinwegtäuschten. Durch die Vermehrung der Nematoden konnte man schon immer weniger Zuckerrüben anbauen – und da gab es kein Mittel dagegen.

Als wir bei Stegemann sahen, wie gut Rudolf Steiner darüber Bescheid wusste, wollten wir mehr erfahren. Wir wussten nicht, dass es ein ganzer Kurs werden würde, geschweige denn, welche weiten Perspektiven Rudolf Steiner damit verband. Wir dachten, er würde einige Richtlinien geben gegen die Zerstörung der Bodengare und die Qualitätsminderung gewisser Früchte. Onkel Carl und Tante Johanna [Carl Graf und Johanna Gräfin von Keyserlingk in Koberwitz] müssen jedoch schon früher darüber mit ihm gesprochen haben, ehe ich nach Koberwitz kam.

Anlässlich einer Reise nach Dornach hat mir dann Onkel Carl den Auftrag gegeben, den Doktor um einen Termin für die Durchführung der neuen Richtlinien in der Landwirtschaft zu bitten. In Dornach angekommen, ging ich gleich in die Schreinerei und sagte Frau Dr. Steiner, ich würde gern Herrn Doktor sprechen. Ich wartete nur kurz, da kam er schon heraus, und ich richtete meinen Auftrag aus. Er sagte sogleich: «Ja, ich komme nach Breslau und werde dort Vorträge über Landwirtschaft halten.» Ich sagte aber: «Herr Doktor, das genügt mir nicht – ich soll nicht fragen, ob Sie kommen, sondern wann Sie kommen!» Da lächelte er, nahm sein Notizbuch heraus, blätterte darin herum und sagte dann: «Richten Sie Ihrem Onkel aus, dass ich zu Pfingsten zu Ihnen kommen werde.» Im Frühjahr begann die Planung. Um eine größere Tagung abzuhalten, sind große Vorbereitungen und Geldmittel notwendig. Beim Kurs selbst waren gut 130 Menschen, die zuhören durften, aber an Gästen waren täglich viel mehr da. Die Autos der Firma wurden eingesetzt, das ganze Haus war voll. Diener, Chauffeure und Gärtner steckten in Uniform, alle waren eingeteilt. Das Mittagessen wurde meist stehend eingenommen, denn für die Vorträge musste der Speisesaal geräumt werden.

Zitiert nach: Adalbert Graf von Keyserlingk (Hg.): Koberwitz 1924 – Geburtsstunde einer neuen Landwirtschaft, Norderstedt 2018.

Die Sorgen der Bauern um Saatgut, Ernährungsqualität und den Zustand der Böden

Krise der Landwirtschaft nach dem Ersten Weltkrieg

Mit dem Ersten Weltkrieg und der Zeit danach stürzten auch die Landwirtschaft und die Versorgungslage Europas in eine Krise. Die Böden versauerten und ermüdeten. Die Anfälligkeit für den Pflanzenbefall durch Schädlinge nahm zu. Landwirte wandten sich nach dem Ersten Weltkrieg besorgt an Rudolf Steiner und fragten um Rat: «Was ist zu tun, um den Zerfall der Saatgut- und Ernährungsqualität aufzuhalten?» In Deutschland konnte ein Landwirt sein eigenes Getreide, Roggen, Weizen, Hafer, Gerste, während mehrerer Jahre immer wieder als Saatgut verwenden. Nun mussten in kurzen Zeitabständen immer neue Sorten eingeführt werden. Es gab eine fast chaotische Vielzahl von Sorten, die nach wenigen Jahren wieder verschwanden. Luzerne war in früheren Zeiten bis zu 30 Jahren auf demselben Feld angebaut und geschnitten worden, am Anfang des 20. Jahrhunderts war das meist nur noch fünf Jahre lang möglich. Die Sorge um die Degeneration der Sorten und die zukünftige Ernährung gehörten zu den Gründen, dass der Kurs überhaupt gehalten wurde.

Kuhstall in Koberwitz 1924

Bauern schickten vor dem Kurs Fragen an Rudolf Steiner
Probleme: Boden, Düngung, Ernährung, Degenerationen, Krankheiten

- *Welche Kompromisse werden bei der Neueinstellung der Landwirtschaft zunächst noch in Kauf genommen werden müssen, um konkurrenzfähig zu bleiben, da z. Z. noch der Markt für landwirtschaftliche Produkte nach der Quantität und nicht nach der Qualität verlangt?*
- *Ist der häufige Misserfolg im Obstbau auf die Art der Vermehrung der Obstbäume oder auf unrichtige Düngung und Bodenbearbeitung zurückzuführen?*
- *Wie erkennt der Landwirt den Gehalt und die Mängel seines Bodens und dessen Eignung für die verschiedenen Nutzungsarten?*
- *Gibt es ein wünschenswertes Gleichmaß zwischen Wald und Feld und Wiese?*
- *Welche Folgen sind mit der Ernährung mit bodenständigen oder fremdländischen Pflanzenprodukten verbunden?*

- *Auf welche Weise soll das Problem einer Schädlingsbekämpfung (Beispiel: Rübennematode Heterodera Schachtii) angegriffen werden?*
- *Welche tieferen Gesichtspunkte ergeben sich der Anthroposophie für das Auftreten der tierischen und pflanzlichen Schädlinge?*
- *Ist der Vitaminkreislauf an einen Stickstoffkreislauf gekettet?*
- *Wird der Vitaminkreislauf durch mineralische, lebenhemmende Düngemittel unterbrochen?*
- *Welche Rolle haben in diesem Kreislauf die Bodenbakterien?*
- *Welche spezifischen Werte wohnen den verschiedenen organischen Düngern inne (Stalldünge, Kompost, Latrine, Jauche, Müll und Gründüngung)?*
- *Welche Stellung nehmen die Hülsenfrüchte in der menschlichen und tierischen Ernährung ein?*
- *Wie kann man den Degenerationserscheinungen bei Nutztieren und Kulturpflanzen auf eine einwandfreie Art entgegentreten?*
- *Wodurch werden besonders bei den Kartoffelsorten die rapiden Verfallserscheinungen bewirkt?*
- *Welche Beziehungen bestehen zwischen der Wirkung kleinster Entitäten und der Vitamintheorie?*
- *Wie wirken die Potenzen organischer Stoffe auf Pflanzen?*
- *Wie sind die kosmischen Einflüsse für die Aussaat der Kulturpflanzen zu berücksichtigen?*
- *Wie kann sich der Bauer zum Unkraut und dessen Bekämpfung stellen?*
- *Was für Richtlinien sind bei der Fruchtfolge maßgebend?*
- *Wie kann der Bauer die Pflanzenkrankheiten wirksam bekämpfen?*

Zitiert nach: Rudolf Steiner: Landwirtschaftlicher Kurs, GA 327, 9. Auflage, Basel 2022, S. 274ff.

Rudolf Steiners Vorbereitungen auf den Kurs

Rudolf Steiner hatte sich umfassend auf den Kurs vorbereitet, neben allem, was er sonst zu leisten hatte. Er stand mit Landwirten im Austausch und befasste sich mit deren Angelegenheiten. Er besorgte sich einschlägige Literatur zu Ackerbau, Obstbau, Pflanzenernährung, Düngung, Agrikulturchemie – und machte sich Exzerpte in sein Notizbuch. Er beauftragte Naturwissenschaftler in seinem Umfeld und im Forschungsinstitut am Goetheanum mit Versuchen und begleitete sie bei ihren Auswertungen und Publikationen. Am Forschungsinstitut in Dornach wurde bereits 1923 zum ersten Mal das Hornmistpräparat hergestellt. Für die Qualitätsprüfung wurde ein Verfahren mit der empfindlichen Kupferchloridkristallisation entwickelt. Früher hatte er schon mit einem Tierarzt zusammen ein Präparat gegen die Maul- und Klauenseuche entwickelt. Die für die Herstellung und Dosierung des Mittels notwendigen Laborarbeiten wurden Lilly Kolisko übertragen.

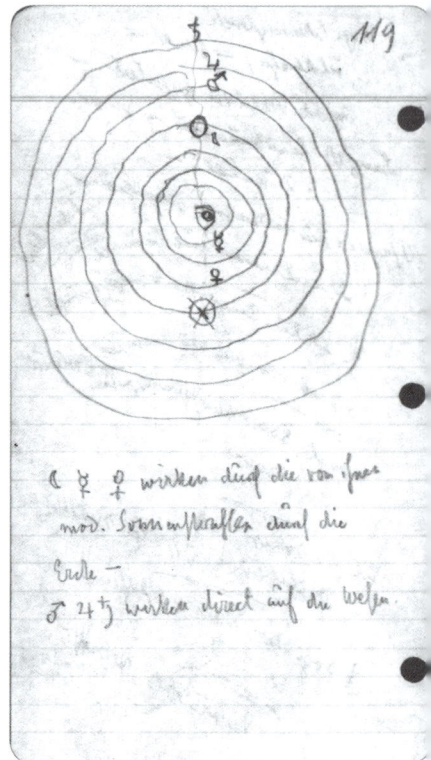

Rudolf Steiner, aus Notizbuch 617:
[Skizze: Zeichen für Saturn, Jupiter, Mars, Sonne und/oder Mond, Sonne, Merkur, Venus, Erde]

☾ ☿ ♀ wirken durch die von ihnen mod. Sonnenstrahlen durch die Erde –
♂ ♃ ♄ wirken direct auf die Wesen.

Versuch und Vorarbeit zum Landwirtschaftlichen Kurs

Ehrenfried Pfeiffer über die Herstellung des ersten Präparats, des Hornmistpräparats

Im Herbst 1923 wurden in der Nähe des Goetheanums in einem Garten in Arlesheim Kuhhörner vergraben. Sie waren nach Rudolf Steiners Angaben mit Kuhmist gefüllt und dienten zur Herstellung des ersten biodynamischen Präparats «500». Im darauffolgenden Frühjahr wurden sie wieder ausgegraben. Nun wurde ein Eimer mit Wasser gefüllt und Rudolf Steiner zeigte, wie der Inhalt des Kuhhorns in Wasser verteilt und gerührt werden sollte. Zum Rühren wurde ein zur Verfügung stehender Spazierstock benützt. Es kam Steiner vor allem darauf an, ein energisches Rühren, die Trichterbildung und das rasche Umkehren der Drehrichtung, das heißt, die Strudelbildung dieses energischen Rührens, zu zeigen. Mit einem kurzen Hinweis, wie das gerührte Präparat auszuspritzen und für welche Fläche die vorhandene Menge anzuwenden sei, war diese Lektion dann auch schon vorbei.

Nacherzählt aus: Maria Josepha Krück von Poturzyn (Hg.): Wir erlebten Rudolf Steiner. Erinnerungen seiner Schüler, Stuttgart 1988.

Rudolf Steiner gab den Landwirtschaftlichen Kurs gegen Ende seines Lebens
Stichworte zu Rudolf Steiners Biographie

Geboren am 27. Februar 1861 in Kraljevec (Österreich-Ungarn). Kindheit und Jugend in der Nähe von Wien, Studium in Wien, Promotion zum Dr. phil. in Rostock. Goethe-Herausgeber und wissenschaftlicher Mitarbeiter am Goethe-Archiv in Weimar. Redakteur, Journalist, Schriftsteller in Berlin. Begründer der anthroposophisch orientierten Geisteswissenschaft, die er in Büchern und vielen Vorträgen darstellt; die Gesamtausgabe umfasst über 400 Bände. Erbauer des Goetheanum in Dornach bei Basel als Zentrum der Anthroposophischen Gesellschaft und Hochschule für Geisteswissenschaft, als Bühne und Tagungszentrum. Mit der Bewegung für soziale Dreigliederung wirkt er bis in eine gesellschaftliche Neuorientierung. Er vermittelt die spirituellen Grundlagen zur Erneuerung zahlreicher lebenspraktischer Arbeitsbereiche: Pädagogik (Waldorf- oder Rudolf Steiner-Schulen), Medizin (mit Arztpraxen, Kliniken und Sanatorien mit eigenen Therapien) und Heilpädagogik. Auf künstlerischem Gebiet schafft er mit der Eurythmie und der Sprachgestaltung neue Richtungen. Neun Monate nach dem Kurs zur Impulsierung der biodynamische Landbauweise stirbt Rudolf Steiner 64-jährig am 30. März 1925 in Dornach/CH.

Anthroposophie und Landwirtschaft

Als Rudolf Steiner im Herbst 1900 in Berlin mit der Darstellung der Anthroposophie begann, war er ein vielseitig engagierter Kulturwissenschaftler und philosophischer Schriftsteller, auf der Höhe seiner Zeit. Über Nietzsche referierend merkte der Herausgeber von Goethes Naturwissenschaftlichen Schriften, dass sein neues Publikum mit Theosophen offen war für spirituelle Zusammenhänge. Das war anders, als er es kannte von den Kreisen, in denen er bisher verkehrt und vorgetragen hatte, mit Anarchisten, Literaten, bildenden Künstlern und Proletariern.

Rudolf Steiner entfaltete bei den wohlbetuchten, oft adligen, weltoffenen Theosophen einen weiten Kosmos. Er beleuchtete den Untergrund der Kulturgeschichte und wie seit Jahrtausenden geistige Impulse in einzelnen Individuen und in ganzen Strömungen bedeutend wirksam seien. Ja, wie sogar der Christusimpuls als eine geistig-spirituelle Tatsache zu einer ganz bestimmten Zeit in der Menschheit ein zentraler Einschlag geworden sei.

Jedem Menschen sprach er eine differenzierte Wesenheit zu: Eine physisch–körperliche Leiblichkeit von höchster Weisheit; eine das Leben ermöglichende und erhaltende, ja sogar heilende und nur übersinnlich voll erfahrbare zweite Ebene, den Lebensleib. Sodann eine uns wohl bekannte innerliche Ebene, die unser Bewusstsein ermöglicht, aber auch mit Empfindungen, Gefühlen und unserem Ego eng verbunden ist, unsere Seele. Und schließlich die Ich-Ebene, durch die wir lernende Wesen sind, uns infrage stellen können, uns ändern können, und uns selbstbestimmt und tatkräftig aus uns selbst einen neuen Impuls für die Zukunft geben können.

Wer nun in Meditation und Konzentration eintritt, kann diesen inneren Kern bearbeiten, mehr und mehr stärken. Dazu regte Rudolf Steiner an, er eröffnete immer wieder neue solche innere Übungswege, die er methodisch klar und mit wissenschaftlichem Anspruch darstellte. Daher spricht er von einer «Geisteswissenschaft»: der Anthroposophie.

In seiner letzten Lebenszeit erweiterte er sein Lehrgebäude grundlegend mit der so genannten «Dreigliederung»; ein vielschichtiges Grundprinzip im Menschen und in der Gesellschaft, aber auch in der außermenschlichen Natur, also auch in der Landwirtschaft. Zwischen den Polen des Bewusstseins und des Stoffwechsels gibt es ein rhythmisches Mittleres, ein Ausgleichendes, Vermittelndes. Diese Dreiheit kann auch in unserer seelischen Organisation aufgesucht werden, indem wir unser Denken und Wollen auseinanderhalten und unser Fühlen als das mittlere, ermittelnde Element finden.

Rudolf Steiners Denken und Sprache werden von vielen Menschen als anstrengend erlebt, dabei ist aber zu bedenken und zu würdigen, dass er es unternommen hat, die Resultate seiner geistigen, übersinnlichen Forschung so auszudrücken, dass sie dem normalen Denken, zugänglich sind.

Ob in der Pädagogik, der Medizin oder in Gesellschaftsreformen, Rudolf Steiner suchte die Erweiterung aus dem spirituellen Kontext, zu dem er sich einen Zugang erarbeitet hatte. Er regte auf mannigfaltige Weise an, selbst einen eigenen solchen Weg zu suchen und zu gehen.

Auf diese Weise sind seit dem Kurs in Koberwitz 1924 viele Innovationen auf dem Felde der Landwirtschaft von Menschen entstanden, die aus der Anthroposophie heraus sich als Praktiker mit Herz, Hand und Verstand in der Biodynamik engagiert haben. Diese Quelle wird auch in Zukunft das Potenzial haben, Lösungen für viele Höfe und für die Landwirtschaft als Ganzes hervorzubringen.

Martin von Mackensen, Landwirt und Leiter der Landbauschule für biodynamische Landwirtschaft am Dottenfelderhof in Bad Vilbel/D.

Lebensreformbewegungen um 1900
Der anthroposophische Aufbruch im Umbruch der Zeitlage

Die neuen Lebens- und Gemeinschaftsbedürfnisse der Menschen in Mitteleuropa artikulierten sich in ganz verschiedenen, auffälligen, sozialen Bewegungen und subkulturellen Gegenbewegungen, die unter «Lebensreformbewegungen um 1900» zusammengesehen werden können. Der gesellschaftliche Aufbruch «umdenken umschwenken», der in den 1970er- und 1980er-Jahren eine zunehmende Bereitschaft für den engagierten Biolandbau und den schonenderen Umgang mit der Natur als Mitwelt markierte und sich weltweit ausbreitete, hat eine innerliche Verwandtschaft mit den Lebensreformbewegungen um 1900.

Diese verschiedenen sozialen Reformbewegungen gingen seit Ausgang des 19. Jahrhunderts insbesondere von Deutschland und der Schweiz aus. Gemeinsam waren ihnen die Kritik an der Industrialisierung, dem Materialismus und der Verstädterung, verbunden mit Streben nach Aufbruch, Authentizität, Natürlichkeit und Naturnähe: Sozialreform, Genossenschaften, Siedlungs-, Gartenstadt- (Hellerau), Obstbau-Genossenschaften, Bodenreformbewegung, Sozialismus, Anarchismus, Sozialindividualismus, Individualsozialismus, Freiwirtschaft, Ernährungsreform, gesunde Lebensweise, vegetarische Rohkost, Vollkornprodukte, Bircher-Müesli, Naturheilkunde (Heilpflanzen, Kuren, Sanatorien, Naturheilanstalten), Freikörperkultur (FKK), Ausdruckstanz, Jugendbewegung (Wandervogel), Reformpädagogik, Künstlerkolonien (Worpswede in Norddeutschland, Eden in Berlin, Monte Verità bei Ascona in der Schweiz), religiöse und spirituelle Orientierung und Praxis (Theosophie, Yoga).

Neu ist die mittlerweile verbreitete Einsicht dazugekommen, dass es nicht nur um erneuernde Versuche gesellschaftlicher

Spielarten ging, sondern dass es sich um eine ernsthafte, abgründige Bedrohung des Planeten Erde und der bisher erreichten Kulturstufe handelte.

Eine Mitarbeiterin und Dienstbotin in Koberwitz erzählt

Paula Eckardts Sicht auf die Verhältnisse

Das war damals die schlimme Zeit, da kamen sie nochmal so gerne aufs Land raus. Da gings drunter und drüber in Deutschland – aber bei uns, in Koberwitz, war's wie im Paradies, wie eine Insel von Ruhe und Ordnung – wo doch überall die Aufstände waren! In Sachsen hat's gekracht, in Hamburg waren die Roten, in München die Braunen, und wir hatten Inflation. Na, da kamen sie alle, die Freunde von Graf Wolfgang, die Anthroposophen und die andern interessanten Herrschaften.

[...]

Beim Kurs kamen viele schon zum Frühstück rüber, aus Breslau. Wenn dann die Türen während des Vortrags zu waren, haben wir gearbeitet wie die Feuerwehr. Da wurde alles gebracht fürs Essen für die vielen Menschen. In der Pause gab's Würstel und Schnittchen, die wir gemacht hatten, ganze Berge – und zu trinken, was man wollte. Der Herr Doktor hat sich manchmal gewundert und gelacht, wie schnell die vielen Platten leer waren. [...] Nachmittags sind dann alle weggefahren, später auch Herr Dr. Steiner, nach Breslau. Und wenn sie abends heimkamen, wurde nochmal warm gegessen. Und alles hat geklappt!

Zitiert nach: Adalbert Graf von Keyserlingk (Hg.): Koberwitz 1924 – Geburtsstunde einer neuen Landwirtschaft, Norderstedt 2018.

«Ein bisschen viel in das Programm hineingesteckt»
Zusätzliche Veranstaltungen in Breslau für die Jugend und anthroposophische Mitglieder

Die Vorträge des Landwirtschaftlichen Kurses fanden auf dem Land in Koberwitz jeweils über Mittag statt; dies in Rücksicht auf die jeweils aus der Stadt Breslau Anreisenden. Jeden Abend gings nach Breslau, wo für über 500 Mitglieder eine Pfingsttagung organisiert war mit Vorträgen Rudolf Steiners über allgemein-anthroposophische Themen im großen Saal des Breslauer Konzerthauses oder in der Aula des Augusta-Lyzeums, außerdem mit einer öffentlichen Eurythmieaufführung im Lobetheater und einer Aufführung von Goethes «Iphigenie auf Tauris» im Gewerkschaftshaus, beides unter der Leitung von Marie Steiner. Zusätzlich nahm sich Rudolf Steiner Zeit für drei Treffen mit einer Jugendgruppe, für die er Ansprachen hielt und mit der er Gespräche führte.

Ein Kursteilnehmer erzählt
Helmut Woitinas' Sicht auf die Verhältnisse

Als junger Gärtnergehilfe trieb mich die Suche nach dem Wert des Lebens, nach einer geistigen Heimat, zu Wandervögeln. [...] Dann durfte ich den «Landwirtschaftlichen Kurs» mitmachen, und das führte mich mit Menschen zusammen, die ich sonst schwerlich kennengelernt hätte in dieser Zeit hochgespielter Gegensätze. Streiks, Arbeitslosigkeit, Inflation und politische Radikalisierung erschütterten Deutschland.

Zitiert nach: Adalbert Graf von Keyserlingk (Hg.): Koberwitz 1924 – Geburtsstunde einer neuen Landwirtschaft, Norderstedt 2018.

Der Versuchsring –
«Sehr verehrte Berufsgenossen!»
Ein erster Verbund von Landwirten und Höfen

Noch während des Landwirtschaftlichen Kurses wurde der «Landwirtschaftliche Versuchsring der Anthroposophischen Gesellschaft» begründet und man einigte sich auf eine Resolution. Diese Gruppe hat die praktischen Versuchsarbeiten in den verschiedenen Regionen koordiniert, die Herstellung und Verteilung der Präparate angegangen, die Forschungsarbeiten abgesprochen, Tagungen veranstaltet und eine Zeitschrift herausgegeben. So ist ein Verbund von Menschen und Höfen entstanden, in dem praktisch, beratend und koordinierend Verantwortung für die Angaben aus dem Kurs übernommen wurde. Von Anfang an bestand ein Austausch mit der Naturwissenschaftlichen Sektion am Goetheanum in Dornach.

Wie alle biodynamischen Initiativen wurde auch der Versuchsring 1941 während der NS-Zeit verboten. Nach dem Zweiten Weltkrieg musste die Arbeit neu aufgebaut werden. 1946 wurde die Nachfolgeorganisation «Forschungsring für Biologisch-Dynamische Wirtschaftsweise» gegründet. Der Forschungsring wurde Eigentümer des Verbandszeichens «Demeter»; er übertrug das Zertifizierungsrecht 1954 an den im gleichen Jahr begründeten Demeterbund. Der Forschungsring behielt die inhaltliche Ausarbeitung der Anbau-Richtlinien für die Demeter-Zertifizierung. Seit 2007 widmet sich der Forschungsring als Forschungsinstitut in Darmstadt der Forschung im biodynamischen und ökologischen Lebensumfeld.

Seit den 1930er-Jahren erschien, unterbrochen durch den Krieg, eine Fachzeitschrift der biologisch-dynamischen Bewegung, ab 1950 unter dem Titel «Lebendige Erde».

www.forschungsring.de

Versuchsfelder. Foto: Charlotte Fischer

Der Versuchsring – Forschung und Praxis
Bauern zwischen Abhängigkeit, Eigenständigkeit und geistiger Souveränität

Dass aus dem Landwirtschaftlichen Kurs ein kräftiger Impuls geworden ist, hängt stark an der noch in Koberwitz vorgenommenen Begründung des «Landwirtschaftlichen Versuchsrings der Anthroposophischen Gesellschaft». Die Gründung war schwierig. Es gab Streit zwischen verschiedenen Gesichtspunkten: Ein betont innerer, esoterischer Zugang stand gegen mehr wirtschaftliche Rationalität oder einfach praktische Angaben für den Arbeitsalltag. Trotz dieser Verschiedenheiten gelang die Gründung des gemeinsamen Versuchsringes. Damit war man vernetzt. Die praktische Arbeit konnte unmittelbar anschließend an den Kurs gestartet werden. Mit dem Versuchsring war ein eigenständiger Partner der Hochschule am Goetheanum geschaffen. Die notwendige Fortführung neuer Erkenntnisarbeit nach dem Tod Rudolf Steiners wurde mit der Naturwissenschaftlichen Sektion durch gemeinsame Tagungen und Publikationen angegangen.

Graf Keyserlingk als Sprecher der Landwirte wollte, dass die «dummen Bauern» nur ausführen sollten, was sie von den «wissenden Sektionsleitern» der Hochschule in Dornach gesagt bekämen. Damit war Rudolf Steiner gar nicht einverstanden: «Also wir werden von Anfang an aktive, aktivste Mitarbeiter brauchen, nicht bloß Ausführungsorgane.» Rudolf Steiner betonte seine Hochachtung dem bäuerlichen Wissen gegenüber, denn dieses dringe tief ein in die ganz konkreten kosmisch-irdischen Verhältnisse, die an dem Ort herrschten, wo der Bauer tätig ist. Dagegen sei die Wissenschaft schnell in der Gefahr, ein abstraktes und totes Wissen zu generieren.

Die Betonung der Art von Praxis-Wissen und Praxis-Forschung für ein fruchtbares Wirken auf der Grundlage von «Geisteswissenschaftlichen Angaben zum Gedeihen der Landwirtschaft» gehört genuin zur biodynamischen Landwirtschaft. Es geht nicht um eine Theorie oder um Hypothesen. Es geht auch nicht um Rezepte, die nur angewendet zu werden brauchen. Es sind vielmehr weite Gesichtspunkte, die zur Grundlage des landwirtschaftlichen Handelns gemacht werden können. Rudolf Steiner wünschte sich explizit Bauernwissen für Dornach: «Wir müssen sozusagen schon zusammenwachsen, und in Dornach muss so viel Bäuerliches walten, als nur trotz der Wissenschaftlichkeit walten kann. Und das, was von Dornach als Wissenschaft ausgeht, muss so sein, dass es einleuchtet dem konservativsten Bauernkopf.» Diese Haltung und die Frage, wie der Wissenschaftler und der Praktiker in der Landwirtschaft zusammenarbeiten, ist ganz aktuell. Oft ist es ein Spannungsverhältnis. Neues Wissen, zum Beispiel über ökologische Zusammenhänge, kommt nicht in die Praxis, die Bauern wollen sich nicht belehren lassen und machen weiter wie bisher. Das, was die Praktiker wissen aus ihrer Tätigkeit, gilt bei den Wissenschaftlern nicht als richtiges Wissen. Es wird nicht anerkannt und bleibt Einzelerfahrung. Für die Herausforderungen, die in der Land- und Ernährungswirtschaft anstehen, wäre aber gerade eine gegenseitige Anerkennung und Förderung von Praxis und Wissenschaft unabdinglich. Es kann als eine Herausforderung für die biodynamische Bewegung angesehen werden, diese bei ihr veranlagte und schon immer gehandhabte Kombination von Praxis und Forschung weiter systematisch zu entwickeln. Rudolf Steiner hat seine geisteswissenschaftlichen Forschungsergebnisse immer als Ergänzungen und Erweiterung des aktuellen Wissensstandes eines Fachgebietes in Praxis und Lehre verstanden.

Chronik

Ausgewählte Daten

1924   7. – 16. Juni. Rudolf Steiner hält in Koberwitz bei Breslau/D (heute Polen) den «Landwirtschaftlichen Kurs» vor 130 Teilnehmenden. Gründungsimpuls der biologisch-dynamischen Landwirtschaft.

Vorgängig: 1921 Gründung des Forschungsinstituts der Naturwissenschaftlichen Sektion am Goetheanum in Dornach/CH.

Vorgängig: Herbst 1923 Vergraben der präparierten Kuhhörner nahe des Goetheanums zur ersten Herstellung des Hornmist-Präparats. Nach der Überwinterung im Frühjahr 1924 Ausgrabung der Kuhhörner und Rudolf Steiners Anleitung zur Verwendung.

1924   Begründung «Landwirtschaftlicher Versuchsring der Anthroposophischen Gesellschaft» während des «Landwirtschaftlichen Kurses» in Koberwitz.

1925   Rudolf Steiner stirbt.

1926/27 Gründung Loverendale (NL) und Loheland.

1928   Marienhöhe, östlich von Berlin, ein bis heute durchgehend biodynamischer Hof.

1932   Registrierung der Schutzmarke «Demeter» als Kennzeichnung der Produkte von den biodynamischen Höfen für die städtische Kundschaft.

1938   Ehrenfried Pfeiffer: «Die Fruchtbarkeit der Erde. Ihre Erhaltung und Erneuerung. Das biologisch-dynamische Prinzip in der Natur», Basel 1938 (Übersetzungen ins Englische, Französische, Holländische und Italienische).

1941	Verbot aller biodynamischen Organisationen in Deutschland durch die Nationalsozialisten.
1946	Gründung «Forschungsring» als Nachfolger des Versuchsrings.
1954	Gründung Demeter-Bund auf dem Dottenfelderhof, Bad Vilbel bei Frankfurt am Main. Am 1.1.1955 Satzung des Bundes in neun Punkten, u.a. die Regelung der Qualitätsprüfung und der Marken-Schutzrechte.
1962	Rachel Carsons Buch «Silent Spring» erscheint in den USA.
1971	Gründung Bioland, Deutschland.
1973	Gründung FiBL, Forschungsinstitut für Biologischen Landbau in der Schweiz.
1977	FiBL Beginn des DOK-Langzeitversuchs bis heute: Wissenschaftlicher Vergleich der drei Anbausysteme (dynamisch, organisch, konventionell).
1979	Sekem in der Wüste in Ägypten. Beginn der Zusammenarbeit von landwirtschaftlichen Fachkräften, Universitäten, Forschungseinrichtungen und dem deutschen Demeter-Bund zur Kultivierung der Wüste für die landwirtschaftliche Nutzung.
1981	Gründung Bio Suisse, Schweiz, Dachverband der Schweizer Bio-Produzenten und führende Bio-Organisation der Schweiz.
1982	Gründung Naturland, Deutschland.
1997	Gründung Demeter International.
2020	Gründung Biodynamic Federation Demeter International (BFDI).

Literatur

Hilfreiche Literatur/Quellen

Für die Darstellungen in diesem Buch konnte auf frühere und laufende Veröffentlichungen der Sektion für Landwirtschaft am Goetheanum zurückgegriffen werden: Bücher, Tagungsdokumentationen, Zeitschriften-Beiträge (www.sektion-landwirtschaft.org/publikationen). Eine ergiebige Grundlage war die Neuherausgabe des «Landwirtschaftlichen Kurses» von 2022 mit den zusätzlichen Aufarbeitungen, Materialien und Hinweisen. Hilfreich waren auch verstreute Beiträge zur Geschichte und Beurteilung der ökologischen und biodynamischen Bewegung und die Websiten der erwähnten Betriebe und Einrichtungen. Hier wird lediglich auf eine kleine Auswahl der für uns hilfreichen Quellen verwiesen.

Zur Geschichte und Übersicht

Rudolf Steiner: Landwirtschaftlicher Kurs. Geisteswissenschaftliche Grundlagen zum Gedeihen der Landwirtschaft, GA 327, herausgegeben von Hans-Christian Zehnter in Zusammenarbeit mit Rudolf Isler, Ueli Hurter, Martin von Mackensen, Albrecht Römer, 9. vollständig überarbeitete und ergänzte Auflage, Basel 2022. Siehe dazu auch Archivmagazin – Beiträge aus dem Rudolf Steiner Archiv, Nr. 11, Dezember 2021 (mit dem Schwerpunkt: Zum Landwirtschaftlichen Kurs 1924), S. 11–101.

Helmy Abouleish, Christine Arlt: Sekem Inspirationen – Impulse für einen zukunftsfähigen Wandel, Frankfurt am Main 2022.

Adalbert von Keyserlingk (Hg.): Koberwitz 1924 – Geburtsstunde einer neuen Landwirtschaft, Norderstedt 2018.

Erika Beltle und Kurt Vierl (Hg.): Erinnerungen an Rudolf Steiner, Stuttgart 2017.

Ueli Hurter (Hg.): Agrikultur für die Zukunft – Biodynamische Landwirtschaft heute, Dornach 2014.

Dieter Steiner: Rachel Carson – Pionierin der Ökologiebewegung. Eine Biographie, München 2014.

John Paull: The Rachel Carson Letters and the Making of Silent Spring, in: SAGE Open, July–September 2013, p. 1–12.

Frank Uekötter: Die Wahrheit ist auf dem Feld – Eine Wissensgeschichte der deutschen Landwirtschaft, Göttingen und Bristol 2012.

John Paull: The Betteshanger Summer School: Missing Link between Biodynamic Agriculture and Organic Farming, in: Journal of Organic Systems, 6(2), 2011, p. 13–26.

Herbert H. Koepf, Bodo von Plato: Die biologisch-dynamische Wirtschaftsweise im 20. Jahrhundert, Dornach 2001.

Gunter Vogt: Entstehung und Entwicklung des ökologischen Landbaus, Bad Dürkheim 1999.

Rachel Carson: The Real World Around Us, in: Linda Lear (Hg.): Lost Woods: The Discovered Writing of Rachel Carson, Boston 1999.

Linda Lear: Rachel Carson: Witness for Nature, New York 1997.

Maria Josepha Krück von Poturzyn (Hg.): Wir erlebten Rudolf Steiner. Erinnerungen seiner Schüler, Stuttgart 1988.

Alla Selawry: Ehrenfried Pfeiffer – Pionier spiritueller Forschung und Praxis, Dornach 1987.

Philippe Matile: Grenzen der Kunstdüngerwirtschaft, in: DIE TAT (Zürich), 23.10.1966, S. 3.

Rachel Carson: Silent Spring, New York 1962.

Ehrenfried Pfeiffer: Anleitung für die Kompostfabrikation aus städtischen und industriellen Abfällen. Stuttgart 1957.

Eve Balfour: The Living Soil. Evidence of the importance to human health of soil vitality, with special reference to post-war planning, London 1943.

Sir Albert Howard: My Agricultural Testament, London 1940.

Lord Northbourne: Look to the land, London 1940.

Ehrenfried Pfeiffer: Die Fruchtbarkeit der Erde. Ihre Erhaltung und Erneuerung. Das biologisch-dynamische Prinzip in der Natur, Basel 1938.

Sir Albert Howard, Yeshwant D. Wad: The Waste Products of Agriculture: Their Utilization as Humus, London 1931 (retrieved 2010).

In Vorbereitung ist die Veröffentlichung einer Studie mit dem Arbeitstitel «Biodynamisch in der NS-Zeit. Die biodynamische Bewegung und Demeter, ihr Verhältnis zum NS-Regime. Akteure, Verbindungen, Haltungen». Erscheint voraussichtlich Ende 2023 im Metropol Verlag Berlin. Die wissenschaftliche Studie unabhängiger Forscher wurde in Auftrag gegeben von Demeter e.V. Deutschland, BFDI und der Sektion für Landwirtschaft am Goetheanum.

Zum Praktischen

Wolfgang Held (Hg.): Sternkalender Ostern 2023 bis Ostern 2024, Dornach 2022.

RVF – Revue du vin France, Dossier spécial Biodynamie – La méthode qui change le vin, No. 647, Février 2021.

Evelyne Malnic: La vigne, le vin et le bio – L'avenir de la viticulture s'écrit en bio-logique et dynamique. Ed. France agricole. 2021.

Romana Echensperger: Von der Freiheit, den richtigen Wein zu machen. Biodynamisches Winzerhandwerk im Portrait, Frankfurt a. M. 2020.

Ambra Sedlmayr, Anke van Leewen, Johanna Schönfelder, Maja Kolar, Reto Ingold, Ueli Hurter: Biodynamische Präparatepraxis weltweit – Die Fallbeispiele, Darmstadt 2018.

Pierre und Vincent Masson: Landwirtschaft, Garten- und Weinbau biodynamisch, Aarau und München 2015.

Michael Rist: Artgemäße Nutztierhaltung. Ein Schritt zum wesensgemäßen Umgang mit der Natur, Stuttgart 1989 (2. Auflage).

Berichte zu Agrarfragen mit Bezug zur Biodynamik

IPCC, 2019: Zusammenfassung für politische Entscheidungsträger. In: P.R. Shukla et al. Klimawandel und Landsysteme: ein IPCC Sonderbericht über Klimawandel, Desertifkation, Landdegradierung, nachhaltiges Landmanagement, Ernährungssicherheit und Treibhausgasflüsse in terrestrischen Ökosystemen. Deutsche

Übersetzung auf Basis der Onlineversion. Deutsche IPCC Koordinierungsstelle, Bonn, Mai 2020.

Wikipedia. Der Weltagrarbericht (auch: Weltlandwirtschaftsbericht) mit dem Titel Agriculture at a Crossroads («Landwirtschaft am Scheideweg») wurde 2008 vom Weltagrarrat (International Assessment of Agricultural Knowledge, Science and Technology for Development, IAASTD) veröffentlicht, einem Gremium vergleichbar dem «Weltklimarat» (IPCC). Der Bericht fordert insbesondere eine Ausdehnung der ökologischen Landwirtschaft beziehungsweise agrarökologischer Methoden und der Förderung von Kleinbauern. Die Grüne Gentechnik, Agrochemie und geistiges Eigentum von Saatgut werden kritisch hinterfragt.

Paul Mäder et al.: Erkenntnisse aus 21 Jahren DOK-Versuch, FIBL Dossier: Bio fördert Bodenfruchtbarkeit und Artenvielfalt, Frick 2000.

Paul Mäder et al. (2002): Soil Fertility and Diversity in Organic Farming. Science 296, 1694–1697.

Agriculture at the Crossroads Synthesis Report. http://www.unep.org/dewa/agassessment/reports/IAASTD/EN/

Untersuchung über homefield advantage (zum Kap. Tierwohl und Resilienz) www.sciencedirect.com/science/article/abs/pii/S0038071712003835

Magali A. Delmas, Olivier Gergaud: Sustainable practices and product quality: Is there value in eco-label certification? The case of wine, in: Ecological Economics, Volume 183, May 2021, 106953. www.sciencedirect.com/science/article/abs/pii/S0921800921000112?via%3Dihub

Artikel peer-reviewed

Auf der Forschungs-Webseite der Sektion für Landwirtschaft findet sich eine aktuelle Zusammenstellung sämtlicher Links zu den hier aufgeführten Studien sowie weiterführende Informationen und Studienzusammenfassungen in übersichtlicher Form:

www.sektion-landwirtschaft.org/arbeitsfelder/forschung

Hans-Martin Krause, Bernhard Stehle, Jochen Mayer, Marius Mayer, Markus Steffens, Paul Mäder, Andreas Fliessbach: Biological soil quality and soil organic carbon change in biodynamic, organic, and conventional farming systems after 42 years. Journal: Agronomy for Sustainable Development 42, 117, 2022.

Margherita Santoni, Lorenzo Ferretti, Paola Migliorini, Concetta Vazzana, Gaio Cesare Pacini: A review of scientific research on biodynamic agriculture. Journal: Organic Agriculture, 12, 373–396, 2022.

Cyrille Rigolot, Martin Quantin: Biodynamic farming as a resource for sustainabilioty transformations: Potential and challenges. Journal: Agricultural Systems, Vol. 200, 103424, 2022.

Christopher Brock, Uwe Geier, Ramona Greiner, Michael Olbrich-Majer, Jürgen Fritz: Research in biodynamic food and farming – a review. Journal: Open Agriculture. 4: 743–757, 2019.

Linda Chalker-Scott: The Science Behind Biodynamic Preparations: A Literature Review. Journal: HortTechnology, 23(6), 814–819, 2013.

Martina Bavec, Michael Narodoslawsky, Franc Bavec, Matjaz Turinek: Ecological impact of wheat and spelt production under industrial and alternative farming systems. Journal: Renewable Agriculture and Food Systems, 27(3), 242–250, 2011.

Matjaz Turinek, Silva Grobelnik Mlakar, Martina Bavec, Franc Bavec: Biodynamic agriculture research progress and priorities. Journal: Renewable Agriculture and Food Systems, 24(02): 146–154, 2009.

Eine Übersicht zu aktueller biodynamischer Forschung findet sich auch in der Zeitschrift «Lebendige Erde», 2021, Ausgabe 5.

Manfred Klett

Von der Agrartechnologie zur Landbaukunst

Wesenszüge des biologisch-dynamischen Landbaus. Eine Landwirtschaft der Zukunft

Die Landwirtschaft des 20./21. Jahrhunderts wird zunehmend zur ökologischen und darüber hinaus zugleich zur sozialen Frage. Technologisiert, reguliert und kommerzialisiert entbehrt sie kulturerneuender Impulse und emanzipiert den Menschen von der ihn umgebenden Natur.

In den Wesenszügen des biologisch-dynamischen Landbaus jedoch finden wir das zukunftsweisende Potential, um die Beziehungen zum Wesenhaften in unserer Umwelt wiederherzustellen, vertrauensvolles Rechtsempfinden durch Gemeinschaftsbildung aufzubauen und mit Hilfe des assoziativen Miteinanders eben jene Emanzipationskluft zu überwinden. Eine Landwirtschaft der Zukunft, eine Landbaukunst kann entstehen.

Manfred Klett, der Doyen der biodynamischen Bewegung, legt mit diesem Buch die Zusammenfassung seines lebenslangen Wirkens vor. Es ist eine Aufforderung an nachfolgende Generationen, das Potential der Landbaukunst zu ergreifen und die sozialgestalterische Aufgabe der biodynamischen Landwirtschaft wahrzunehmen.

Seiten: 488

ISBN: 978-3-7235-1668-3

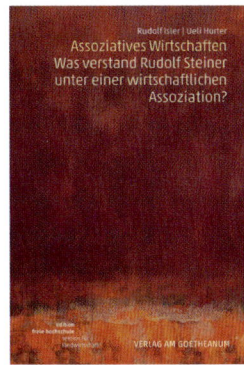

Rudolf Isler, Ueli Hurter

Assoziatives Wirtschaften

Was verstand Rudolf Steiner unter
einer wirtschaftlichen Assoziation?

Rudolf Isler untersucht anhand von ausführlichen Zitaten aus
dem Gesamtwerk, was Rudolf Steiner unter einer wirtschaftlichen Assoziation versteht und welche Gedanken er daran an-
schließt. Ueli Hurter schildert aus vielfältigen Erfahrungen, was
im Zusammenhang mit der Landwirtschaft auf dem Gebiet des
assoziativen Wirtschaftens bereits getan wurde und in welcher
Richtung weitere Bemühungen notwendig sind.

Seiten: 96
ISBN: 978-3-7235-1618-8

Jean-Michel Florin (Hg.)

Biologisch-dynamischer Weinbau

Neue Wege zur Regeneration der Rebe

Die Weinbauwelt ist in Aufbruch! Geschwächte Reben, neue Schädlinge und Krankheiten, verdichtete Böden und vieles mehr stellen Herausforderungen im Rebbau dar, die durch die gewohnten Methoden und Denkweisen nicht gelöst werden können. Immer mehr Winzer interessieren sich für den biodynamischen Weinbau und die Zahl der biodynamischen Weingüter wächst stetig. Der biodynamische Weinbau boomt! Seit über 30 Jahren haben biodynamische Weinbauern praktische Versuche und Erfahrungen gesammelt und dadurch neue Wege und Perspektiven für den Rebbau eröffnet. Ziel dieses Buches ist das Wissen und die Erfahrungen der biodynamischen Winzer einem breiteren Publikum zugänglich zu machen. Wer ist die Rebe eigentlich? Und was braucht sie? Was sind die Grundlagen eines gesunden, wesensgemäßen Weinbaus? Wie stärkt man die Rebe gegen Krankheiten? Wie bringt man Biodiversität und Resilienz in den Rebbau? Wie schneidet man Reben wesensgemäß? Hat die Rebe überhaupt eine Zukunft? Auf diese Fragen und viele andere gehen erfahrene Winzer, Forscher und Berater in ihren Beiträgen zu diesem Buch ein.

Seiten: 244
ISBN: 978-3-7235-1583-9

Ueli Hurter (Hg.)

Agrikultur für die Zukunft

Biodynamische Landwirtschaft heute

Der ‹Landwirtschaftliche Kurs›, 1924 von Rudolf Steiner gehalten, hat einen neuen Impuls für die Landwirtschaft ins Leben gerufen: Eine ganzheitliche Landwirtschaft, die aus modernem Ansatz direkt mit den Lebensprozessen der Natur arbeitet und dadurch der Kultivierung der Erde eine neue Zukunft erschliesst. Aus den ersten Anfängen ist in den fast 100 Jahren eine weltweite Bewegung entstanden. Diese wird in dem Buch von je aktuell kompetenten Autoren vielfältig dargestellt mit Beiträgen: Die historische Entwicklung – Der landwirtschaftliche Betrieb in seiner Ganzheit – Naturwissenschaftliche Versuchsresultate – Neue Methoden der Forschung – Düngung, Kompostierung, Präparate – Landschaftsgestaltung – Subtropische und tropische Landwirtschaft – Saatgut – Konstellationsforschung – Bienen – Weinbau – Qualität in der Ernährung – Demeter, ein weltweit vernetztes Label – Ausbildungen – Soziale Landwirtschaft – Sozialgestaltung, Bodenrecht, neue Formen der Vermarktung – Herausragende Beispiele aus allen Kontinenten.

Seiten: 288

ISBN: 978-3-7235-1508-2